高等学校网络空间安全专业系列教材

应用密码学实验

主　编　张　薇　吴旭光

副主编　魏悦川　朱率率

苏　阳　刘龙飞

U0379028

西安电子科技大学出版社

内 容 简 介

    本书针对信息安全相关专业"密码学"课程，介绍了课程中涉及的大部分算法及其 C/C++语言实现。全书包括八个实验，内容涵盖古典密码、密码学的数学基础、分组密码、流密码、公钥密码、散列函数、数字签名、同态密码及 TFHE 方案的实现等密码学知识。其中，实验一至七为大部分密码学教材中包含的内容，要求学生必须掌握；实验八为拓展实验，供学有余力的学生自学。每个实验都介绍了算法的相关知识点和编程实现时的难点，并给出了算法源代码。

    本书可供高等院校信息安全、计算机、通信等专业的学生使用，也可供信息安全领域的技术人员参考。

图书在版编目(CIP)数据

应用密码学实验/张薇，吴旭光主编. —西安：西安电子科技大学出版社，2019.1(2023.6 重印)

ISBN 978 - 7 - 5606 - 5165 - 1

Ⅰ. ①应… Ⅱ. ①张… ②吴… Ⅲ. ①密码学—高等学校—教材
Ⅳ. ①TN918.1

中国版本图书馆 CIP 数据核字(2019)第 001442 号

策　　划　陈　婷
责任编辑　陈　婷
出版发行　西安电子科技大学出版社(西安市太白南路 2 号)
电　　话　(029)88202421　88201467　　　邮　编　710071
网　　址　www. xduph. com　　　　　　电子邮箱　xdupfxb001@163.com
经　　销　新华书店
印刷单位　咸阳华盛印务有限责任公司
版　　次　2019 年 1 月第 1 版　2023 年 6 月第 3 次印刷
开　　本　787 毫米×1092 毫米　1/16　印张 9.5
字　　数　219 千字
印　　数　3801～4800 册
定　　价　25.00 元
ISBN 978 - 7 - 5606 - 5165 - 1/TN

XDUP 5467001 - 3

前　言

在信息社会、互联网＋的时代背景下，密码早已从军事应用走向全社会，成为保护商业信息、网络交易和个人隐私的必备工具。了解一定的密码学知识，理解经典密码算法的原理和实现，是现代社会中人们需要掌握的一项重要技能。

本书按照密码系统的传统分类方式组织内容，介绍了多种密码算法及其实现。实验一介绍古典密码，包括单表代替、多表代替、置换密码。实验二介绍密码学的数学基础，包括模幂运算、欧几里得算法以及素数的检测。实验三介绍分组密码，包括 DES、AES 以及国产商用分组密码标准 SMS4 的原理与实现。实验四介绍流密码，包括产生随机数的线性同余发生器和 BBS 随机数发生器、LFSR、流密码的加/解密过程以及 RC4 密码算法。实验五介绍公钥密码，包括 DH 协议、RSA 密码、ElGamal 加密体制、椭圆曲线密码等经典密码算法。实验六介绍散列函数，主要是 SHA 系列算法的实现。实验七介绍数字签名，包括 RSA 签名和 DSA 签名。实验八介绍同态密码及 TFHE 方案的实现。附录介绍了算术运算库 GMP 的安装、配置与使用。

本书是在作者多年教学实践的基础上编写而成的。为了配合课堂教学，书中挑选出密码中的重要算法进行详细讨论并编程实现。实验一、二由张薇编写，实验三由魏悦川编写，实验四由苏阳编写，实验五、六、七由吴旭光和朱率率合作完成，实验八由刘龙飞编写。全书内容严谨、语言精练，既可作为实验教材，也可作为工程实践的参考书独立使用。

本书提供相关程序代码，需要者可登录出版社网站（http://www.xduph.com）免费下载。

本书在编写过程中得到了武警工程大学密码工程学院领导的大力支持，以及西安电子科技大学马建峰教授、沈玉龙教授和李兴华教授的鼓励和帮助，在此表示感谢！

作　者

2018 年 9 月

目　录

实验一 古典密码

1.1 单表代替

一、实验目的

通过实验熟练掌握凯撒密码原理，编程实现加密算法，提高 C＋＋程序设计能力，掌握穷举破译的方法。

二、实验要求

(1) 输入任意的一段明文，对其加密并输出密文。

(2) 输入一段密文，利用穷举法进行唯密文攻击，输出密钥。

(3) 要求有对应的程序调试记录和验证记录。

三、实验内容

(一) 凯撒密码的加解密

1. 知识点

凯撒密码是一种典型的单表代替密码技术，其加密方法如下：

$$密文＝明文＋密钥 \quad mod \ 26$$

解密方法如下：

$$明文＝密文－密钥 \quad mod \ 26$$

2. 程序代码

程序功能：从文件 plaintext. txt 中读明文，用密钥 key 加密，密文保存于字符数组 ciphertext 中。

注意：(1) 因为明文长度是可变的，所以在输入时用字符串指针存储明文。

(2) 由于凯撒密码对明文中的空格、标点等不做任何处理，因此在实际编程时把明文中的非字母符号直接复制到密文中。

程序代码如下：

```
#include <iostream. h>
#include <stdio. h>
#include <string. h>
```

```
int main(int argc, char * argv[])
{
    FILE * file1;
    char * message,plaintext[50],ciphertext[50];
    int i,lengthofmessage,key=7;

    file1=fopen("plaintext. txt","r");
    fgets(message,50,file1);
    printf("length of plaintext: %d", strlen(message));
    lengthofmessage=strlen(message);
    strcpy(plaintext,message);
    printf("\nplaintext is:");
    for (i=0;i<lengthofmessage;i++)  printf("%c",plaintext[i]);
    printf("\nPlease input the key:");
    scanf("%d",key);
    i=0;
    while (i<lengthofmessage)
    {
        if (plaintext[i]>='A'&&plaintext[i]<='Z')
            ciphertext[i]='A'+(plaintext[i]-'A'+key)%26;
        else if (plaintext[i]>='a'&&plaintext[i]<='z')
            ciphertext[i]='a'+(plaintext[i]-'a'+key)%26;
        else ciphertext[i]=plaintext[i];
        i++;
    }
    ciphertext[i]='\0';
    printf("\n");
    printf("ciphertext:");
    i=0;
    for (i=0;i<=lengthofmessage;i++)  printf("%c",ciphertext[i]);
    fclose(file1);
    getchar();
    return 0;
}
```

3. 运行结果

输入密钥 key 为 7，明文为"This is a test."，则输出密文如下：

Aopz pz h alza.

程序运行结果如图 1-1 所示。

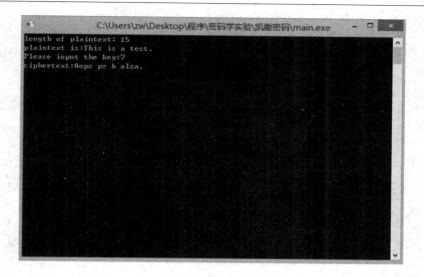

图 1-1 凯撒密码加密实验结果

（二）凯撒密码的穷举破译

1. 知识点

凯撒密码可能的密钥有 26 个。所谓穷举破译，是指用所有可能的密钥尝试解密，直到找出正确的密钥和明文。穷举破译是一种唯密文攻击，任意给定一段密文，利用穷举法找出所用的密钥，最多需要尝试 26 次。

2. 程序代码

程序功能：对于给定的密文，用密钥空间中的所有密钥逐个尝试解密并输出结果，通过观察明文语义完成破译。

注意：每次解密前要重置保存明文的数组，否则后面的解密结果都会追加到前一次的迭代结果中。

程序代码如下：

```
# include <iostream. h>
# include <string. h>
int main(int argc, char * argv[])
{
char message[]="GUVF VF ZL FRPERG ZRFFNTR";
char translated[50];
int length,key,i;
lenth=strlen(message);
printf("length of message:%d",length);
printf("\n");
key=0;
for (key=0;key<26;key++)
{
    printf("\ntranslation attempt %d:",key);
```

```
        for (i=0;i<length;i++) translated[i]='0';
        for (i=0;i<length;i++)
        {
            if (message[i]>='A'&& message[i]<='Z')
                translated[i]='A'+((message[i]-'A'-key+26)%26);
            else if (message[i]>='a'&& message[i]<='z')
                translated[i]='a'+((message[i]-'a'-key+26)%26);
            else translated[i]=message[i];
            printf("%c",translated[i]);
        }
    }
    getchar();
    return 0;
}
```

3. 运行结果

对于密文"GUVF VF ZL FRPERG ZRFFNTR"进行暴力破解，程序运行结果如图1-2所示。

图 1-2 凯撒密码的暴力破解实验结果

观察发现只有当密钥为 13 时，解密结果才是一段有意义的话，所以可断定密钥 key=13。

1.2 多表代替

多表代替是指使用多个不同的代替表对明文加密。最典型的一种多表代替加密技术是维吉尼亚密码，它共有 26 个代替表，每个代替表都是字母表循环左移产生的新表，在实际加密时，使用一个密钥字符串来控制代替表的使用。如设密钥为"cipher"，则需要轮流使用以"c"、"i"、"p"、"h"、"e"、"r"开头的代替表，加密完 6 个明文字符后，再重新循环使用这些代替表。

一、实验目的

通过实验熟练掌握多表代替密码的实现方法，特别是进一步熟悉 C 语言中的字符串操作，提高程序设计能力。

二、实验要求

编程实现维吉尼亚密码，程序功能：从文件中读取明文并加密，将密文保存到另一个 txt 文件中。

三、实验内容

1. 维吉尼亚密码的程序设计

程序中用字符串数组 key 保存密钥，也可直接输入密钥，再利用密钥对应的代替表对一段明文加密。

注意：由于维吉尼亚密码的代替表是固定的，变化的是密钥，因此每次输入密钥时，需计算密钥长度，并根据密钥选择代替表。

2. 算法模块

1）密钥的处理

可预设密钥为"cipher"，长度为 6；也可直接输入密钥（以字母形式或数字形式），再计算密钥长度，放在整型变量 period 中。

2）读取明文并预处理

从文件 plaintext.txt 中读取明文，取出所有字母，放入数组 plaintext[]中；统计明文中的字母个数，放入整型变量 lengthofmessage 中。

注意：串拷贝操作 strcpy(plaintext,message)一定要在读完文件后马上执行拷贝，否则明文会出错。

3）加密

维吉尼亚密码的加密与凯撒密码几乎完全相同，只是加密每个字符时所使用的密钥在变化。用语句：

$$\text{ciphertext[i]} = 'a' + (\text{plaintext[i]} - 'a' + \text{key[i\%6]})\%26$$

即可实现加密。

3. 程序代码

```
#include <iostream.h>
#include <string.h>
int main(int argc, char * argv[])
{
    FILE * file1;
    int period;
    int i,j,lengthofmessage,numofletters,numkey[6];
    char key[6];              //="cipher"
```

```
char * message,plaintext[50],ciphertext[50];
strcpy(key, "cipher");
* message=NULL;
file1=fopen("plaintext. txt","r");
fgets(message,50,file1);
fclose(file1);
strcpy(plaintext,message);

printf("length of plaintext: %d", strlen(message));
lengthofmessage=strlen(message);

printf("\nplaintext is:");
for (i=0;i<lengthofmessage;i++)   printf("%c",plaintext[i]);
period=6;
printf("\nKey:");
for (i=0;i<period;i++)
{
     numkey[i]=key[i]-'a';
     printf("%d   ",numkey[i]);
}
j=0;
numofletters=0;   //由于只对字母加密,因此需要统计当前字母是明文所有字母中的
                  //第几位,再用这个数字模 6 得到的值决定使用密钥的哪一位
for (i=0;i<lengthofmessage;i++)
{
     if ((plaintext[i]>='A')&&(plaintext[i]<='Z'))
     {
          numofletters++;
          j=(numofletters-1)%6;
          ciphertext[i]='A'+(plaintext[i]-'A'+numkey[j])%26;
     }
     else {
          if ((plaintext[i]>='a')&&(plaintext[i]<='z'))
          {
               numofletters++;
               j=(numofletters-1)%6;
               ciphertext[i]='a'+(plaintext[i]-'a'+numkey[j])%26;
          }
          else ciphertext[i]=plaintext[i];
     }
}
printf("\nnumofletters= %d",numofletters);
printf("\nCiphertext is:");
```

```
for(i=0;i<lengthofmessage;i++)    printf("%c",ciphertext[i]);
    return 0;
}
```

4. 运行结果

程序运行结果如图 1-3 所示。

图 1-3　维吉尼亚密码实验结果

1.3　置　换　密　码

数学上的置换是指对 n 个符号进行重新排列，而置换密码是把明文重新排列。对明文进行重排的方式有很多，比如倒排、天书以及栅栏密码，都属于简单的重排。

一、实验目的

理解置换密码的加密方式，熟悉 C 语言文件操作。

二、实验要求

编程实现数据加密标准 DES 中的初始置换，用其加密 64 比特的明文。

三、实验内容

1. 知识点

一般意义上的置换密码用一个表格来表示置换规则。假设每次将 n 个符号看做一组进行置换，则需要构造 n 个位置的全排列：$(i_1 i_2 \cdots i_n)$，这表示把明文中的第 i_1 个符号取出来，作为密文的第一个符号，明文的第 i_2 个作为密文的第 2 个……

解密时仍需查表：1 出现在第几位，就把密文中第几个符号作为明文的第 1 个；也可以先写出逆置换表，然后按照与加密完全相同的算法来实现。

这里我们令 $n=64$，构造一个置换密码，使用的置换表是数据加密标准 DES 中的初始置换 IP，见图 1-4。

58	50	42	34	26	18	10	2
60	52	44	36	28	20	12	4
62	54	46	38	30	22	14	6
64	56	48	40	32	24	16	8
57	49	41	33	25	17	9	1
59	51	43	35	27	19	11	3
61	53	45	37	29	21	13	5
63	55	47	39	31	23	15	7

图 1-4 DES 中的初始置换 IP

2. 算法实现

程序功能：输入 64 比特明文（也可从文件中读取），利用上述置换表进行重排。

注意：定义一个整型数组 key[64]，保存上述置换表。

加密的基本语句十分简单：

```
for (i=0;i<64;i++)
{
    j=key[i];
    ciphertext[i]=plaintext[j];
}
```

3. 程序代码

```
#include <iostream. h>
#include <string. h>
int main(int argc, char * argv[])
{
    FILE * file1;
    char plaintext[64],ciphertext[64];
    char * message;
    int i,j;
    int
    key[64]={58,50,42,34,26,18,10,2,60,52,44,36,28,20,12,4,62,54,46,38,30,22,14,
        6,64,56,48,40,32,24,16,8,57,49,41,33,25,17,9,1,59,51,43,35,27,19,
        11,3,61,53,45,37,29,21,13,5,63,55,47,39,31,23,15,7};

    file1=fopen("plaintext. txt","r");
    fgets(plaintext,65,file1);
    fclose(file1);

    printf("\nPlaintext：");
    for (i=0;i<64;i++)  printf("%c ",plaintext[i]);
    for (i=0;i<64;i++)
```

```
        {
            j＝key[i－1];
            ciphertext[i]＝plaintext[j];
        }
        printf("\n Ciphertext:");
        for (i＝0;i＜64;i＋＋)    printf("%c ",ciphertext[i]);
        getchar();
        return 0;
}
```

4. 运行结果

从文件"plaintext. txt"中读取 64 比特明文，加密后输出密文，并将明文和密文都显示出来。

运行结果如图 1-5 所示。

图 1-5   置换结果

实验二 密码学的数学基础

2.1 模幂运算

模幂运算是对给定的整数 p、n、a，计算 $a^n \bmod p$，这个运算在密码学中应用极为普遍，RSA、ElGamal、DH 交换等重要密码方案中都涉及模幂运算。

一、实验目的

通过实验熟练掌握模幂运算的计算方法，提高 C＋＋程序设计能力。

二、实验要求

（1）输入任意的整数 p、n、a，计算 $a^n \bmod p$。

（2）有对应的程序调试记录和验证记录。

三、实验内容

1. 算法原理

快速实现模幂运算的基本原理是模重复平方计算法，其理论基础是模运算的基本性质，即相乘与求模两个运算是可交换的。

$$r \equiv (ab)\ (\bmod\ m) \equiv (a\ (\bmod\ m))(b\ (\bmod\ m))\ (\bmod\ m)$$

算法步骤：

（1）将 n 表示为二进制，$n = n_r n_{r-1} \cdots n_1 n_0$，用一个数组保存 n 的各个数位，n 共有 $r+1$ 位。

（2）循环计算（用数组 b 保存所有中间结果）：先循环计算一系列结果：$a^2 \bmod p$，$a^4 \bmod p$，$a^8 \bmod p$，$\cdots$，再把指数 n 的二进制表示中取值为 1 的位对应的 a 的幂相乘，即可得到最终结果。

2. 程序代码

```cpp
# include <iostream. h>
# include <math. h>
int main(int argc, char * argv[])
{
    int n,a,p;
    int nn[30],aa[30],bb[30];
    cout<<"Please input a and n:";
    cin>>a;
    cin>>n;
    cout<<"Input a prime, p ";
```

```
cin>>p;
cout<<endl;
int temp,num,r;
int i=0;
temp=n;
while(temp!=0){
    num=temp%2;
    nn[i]=num;
    i++;
    temp=temp/2;
}
r=i-1;
aa[0]=a;
bb[0]=a;
for (i=0;i<n;i++){
    aa[i+1]=(aa[i] * aa[i])%p;
    bb[i+1]=aa[i+1];
}
int x;
x=1;
for (i=0;i<=r;i++){
    if (nn[i]==1)   x=(x * bb[i])%p;
}
cout<<endl<<"the result is:";
cout<<x<<endl;
return 0;
}
```

3. 运行结果

输入 a 和 n，以及素数 p，程序运行结果如图 2-1 所示。

图 2-1 模幂运算实验结果

4. 模幂运算的应用——验证费马定理和欧拉定理

费马定理和欧拉定理是初等数论中两个非常重要的定理，它们与密码学关系极为密切。

费马定理：若 p 为素数，则对任意不整除 p 的整数 a，有

$$a^{p-1} = 1 \bmod p \tag{2-1}$$

欧拉定理：对任意整数 a，n，当 $\gcd(a, n) = 1$ 时，有

$$a^{\varphi(n)} \equiv 1 \mod n \tag{2-2}$$

其中，$\varphi(n)$ 为欧拉函数，定义如下：

欧拉函数的定义：设 n 为正整数，则 1，2，$\cdots$，n 中与 n 互素的整数的个数，记作 $\varphi(n)$，叫作欧拉(Euler)函数。

欧拉函数的计算方法如下：

(1) 当 n 为素数时，$\varphi(p) = p - 1$。

(2) 当 n 为合数时，设 n 的素因子分解为 $p_1^{\alpha_1} p_2^{\alpha_2} \cdots p_k^{\alpha_k}$，则

$$\varphi(n) = p_1^{\alpha_1 - 1} p_2^{\alpha_2 - 1} \cdots p_k^{\alpha_k - 1} (p_1 - 1)(p_2 - 1) \cdots (p_k - 1)$$

式(2-1)和(2-2)中涉及的运算主要是模幂运算，可以利用本节的程序代码来验证上述两个定理，具体实现过程作为练习。

2.2　欧几里得算法

欧几里得(Euclid)算法是初等数论中的一个基本算法，也是密码学中最常用的算法之一。它利用辗转相除法求得两个给定整数 a、b 的最大公约数，还可以将辗转相除的过程倒推回去，用 a 与 b 的一种线性组合表示其最大公约数。一种特殊情况是当 a 与 b 互素时，可以求得 $a \bmod b$(或 $b \bmod a$)的乘法逆元，即求出 a^{-1}，满足

$$aa^{-1} = 1 \bmod b$$

这个过程也称为扩展的欧几里得算法。

一、实验目的

通过实验熟练掌握欧几里得算法的原理及运算过程。

二、实验要求

(1) 用辗转相除法求两个数的最大公约数：输入任意两个整数，输出其最大公约数。

(2) 模逆运算：输入两个整数 a、b，在辗转相除的基础上，如果求得的最大公约数为 1，则输出 $a \bmod b$ 及 $b \bmod a$ 的乘法逆元。

三、实验内容

（一）辗转相除

1. 算法原理

给定两个正整数 a 与 b，其最大公约数有如下特点：

$$\gcd(a,b) = \gcd(a-b,b) = \gcd(a-2b,b) = \cdots = \gcd(a \bmod b, b)$$

上式构成了辗转相除法的理论基础：当 $a > b$ 时，从 a 中反复减去 b 的倍数，直至结果比 b 小，这相当于用 a 除以 b 得到的余数 r_1，再用 b 除以 r_1，得到商和余数 r_2（小于 r_1），反复执行上述过程，让余数不断减小，直至最后能整除为止，此时便得到了 a 与 b 的最大公约数。

2. 程序代码

```
#include <stdio.h>
int main(int argc, char * argv[])
{
    int temp;
    int a,b;
    printf("Input two integers：");
    scanf("%d",&a);
    scanf("%d",&b);
    printf("the GCD of %d and %d is ",a,b);
    while(b! =0)
    {
        temp=b;
        b=a%b;
        a=temp;
    }
    printf("%d\n",a);
    return 0;
}
```

3. 运行结果

运行程序，输入两个整数 1970、1066，计算最大公约数为 2，如图 2-2 所示。

图 2-2 辗转相除法求最大公约数实验结果

（二）模逆运算

1. 算法原理

给定整数 a、b，若 $\gcd(a, b)=1$，则存在 c，满足 $ac=1 \bmod b$，c 即为 a 模 b 的乘法逆元。

利用扩展的欧几里得算法求得满足条件的 c：先做辗转相除，当 a、b 互素时，最后一步得到的余数为 1，再从 1 出发，对前面得到的所有除法算式进行变形，将余数用除数和被除数表示，最终便可将 1 表示为 a 与 b 的一种线性组合，即

$$ax + by = 1$$

从而 x 就是 a 模 b 的乘法逆元。因此寻找乘法逆元的过程就是求 x 和 y 的过程。

具体实现时使用三组变量：x_1，x_2，x_3；y_1，y_2，y_3；t_1，t_2，t_3。初始化时，给 x_1，x_2，x_3 分别赋值 1、0、a，则有

$$1 \times a + 0 \times b = a$$

类似地，给 y_1、y_2、y_3 分别赋值 0、1、b，有

$$0 \times a + 1 \times b = b$$

接下来开始迭代，保证在每次迭代中，有

$$a \times t_1 + b \times t_2 = t_3$$

成立。为此只需在每一步中为 t_i 分别赋值 $x_i - q y_i (i=1, 2, 3)$，其中 q 为 x_3 除以 y_3 的商。当最后 t_3 迭代至计算结果为 1 时，相应的 t_1 就是 a 模 b 的乘法逆元，而 t_2 是 b 模 a 的乘法逆元。

2. 程序代码

```
#include <stdio.h>
int main(int argc, char * argv[])
{
    int temp,q,t1,t2,t3;
    int a,b,swap=0;
    int x1,x2,x3,y1,y2,y3;
    printf("Input two integers: ");
    scanf("%d",&a);
    scanf("%d",&b);
    if (a<b) {
        swap=1;
        temp=a;
        a=b;
        b=temp;
    }
    x1=1;x2=0;x3=a;
    y1=0;y2=1;y3=b;
    while (y3! =0)
    {
        q=x3/y3;
```

```
        t1＝x1－q＊y1；t2＝x2－q＊y2；t3＝x3－q＊y3；
        x1＝y1；x2＝y2；x3＝y3；
        y1＝t1；y2＝t2；y3＝t3；
        printf("\nt1,t2,t3%d,%d,%d:",t1,t2,t3);//输出并观察每次迭代
    }
    if (x3＝＝1)
    {
        if (swap＝＝1){
            printf("\ninverse of %d mod %d is:%d",b,a,x2);
            printf("\ninverse of %d mod %d is:%d",a,b,x1);
        }
        else {
            printf("\ninverse of %d mod %d is:%d",a,b,x2);
            printf("\ninverse of %d mod %d is:%d",b,a,x1);
        }
    }
    else    printf("no inverse");
    return 0；
}
```

3. 运行结果

输入两个整数 81 和 28，程序输出结果如图 2-3 所示。

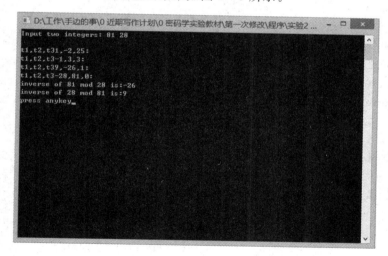

图 2-3　求乘法逆元实验结果

2.3　素数的检测

一、实验目的

了解素数检测的基本原理，掌握常用的素数检测算法。

二、实验要求

（1）编程实现 Eratosthenes 筛法和 Miller – Rabin 算法。

（2）输入任意一个整数，判定是否为素数，输出判定结果。

三、实验内容

（一）Eratosthenes 筛法

1. 算法原理

给定正整数 n，为了找到小于 n 的所有素数，可以采取排除法：先去掉 0 和 1，再依次去掉 2、3、5、…、$\sqrt{n}$ 的倍数，剩下的即为 n 以内的全部素数，这就是 Eratosthenes 筛法，它已经有两千多年的历史。

2. 程序代码

以下程序利用 Eratosthenes 筛法寻找并列举出 1000 以内的所有素数，程序中用 SIZE 表示素数取值上限，这里设置为 1000。

```c
# include <stdio. h>
# define SIZE 1000
# define TRUE 1
# define FALSE 0
int main()
{
    int i,j,k;
    int a[SIZE];
    int * p;
    for(p = a; p < a+SIZE; ++p) {
        * p = TRUE;
    }
    a[0] = a[1] = FALSE;
    i = 2;
    while(i < SIZE){
        while(a[i++] == TRUE){
            j=i-1;
            break;
        }
        for(k = 2; j * k < SIZE && i < SIZE; ++k){
            a[j * k]=FALSE;
        }
    }
    for(p = a; p < a+SIZE; ++p) {
        if( * p == TRUE) {
            printf("%8d", p-a);
```

```
        }
    }
    printf("\n");
    getchar();
    return 0;
}
```

3. 运行结果

程序输出 1000 以内的素数表，如图 2 - 4 所示。

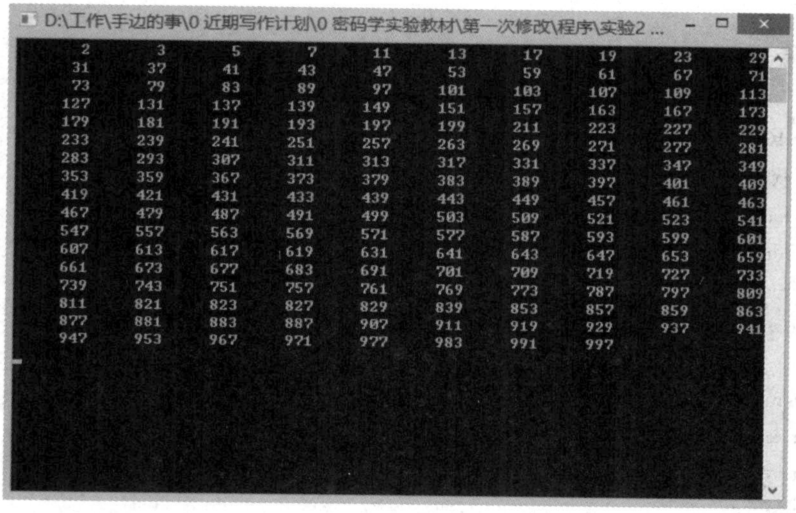

图 2 - 4　1000 以内的素数表

（二）Miller - Rabin 算法

1. 算法原理

素数的判定目前尚不存在多项式时间的确定算法，然而快速的概率算法是存在的，Miller - Rabin 算法就是其中的典型代表。

Miller - Rabin 算法的理论基础是如下的欧拉判别准则：

设 p 为奇素数，a 是整数且 p 不整除 a，则

$$\left(\frac{a}{p}\right) = a^{\frac{p-1}{2}} \bmod p$$

其中，$\left(\frac{a}{p}\right)$ 是勒让德符号。这意味着当 p 是素数时，对任意整数 a（p 不整除 a），必有

$$a^{\frac{p-1}{2}} = \pm 1 \bmod p \tag{2-3}$$

其逆否命题表明若式（2-3）不成立，则 p 一定不是素数。

设待检测的整数为 n，Miller - Rabin 算法包括如下步骤：

（1）计算 2 整除 $n-1$ 的次数 b（即 2^b 是能整除 $n-1$ 的 2 的最大幂），然后计算 m，使得 $n = 1 + 2^b m$。

（2）设置循环次数 t，然后对 i 从 1 到 t 循环执行如下操作：

① 选择小于 n 的随机数 a；

② 计算 $z = a^m \bmod p$；

③ 如果 $z \neq 1$ 且 $z \neq n-1$，则执行如下循环，否则转④：

```
j＝0;
while (j＜b)and(z!＝n－1){
    z＝z² mod n;
    if (z＝＝1) return 0;   //n 为合数
    else j＋＋;
}
```

　　如果 $z \neq n-1$，则返回"n 为合数"。

④ 返回"n 为素数"。

Miller - Rabin 算法是一个多项式时间算法，其时间复杂度为 $O((\log n)^3)$。

2. 程序代码

```c
＃include ＜stdio. h＞
＃include ＜stdlib. h＞
＃include ＜math. h＞
int power(int a,int n,int p)//模幂运算，计算 a 的 n 次方模 p
{
    int nn[50],aa[50],bb[50];
    int temp,num,r;
    int i＝0;
    temp＝n;
    while(temp!＝0){
        num＝temp％2;
        nn[i]＝num;
        i＋＋;
        temp＝temp/2;
    }
    r＝i－1;
    aa[0]＝a;
    bb[0]＝a;
    for (i＝0;i＜n;i＋＋){
        aa[i+1]＝(aa[i]＊aa[i])％p;
        bb[i+1]＝aa[i+1];
    }
    int x;
    x＝1;
    for (i＝0;i＜＝r;i＋＋){
        if (nn[i]＝＝1)   x＝(x＊bb[i])％p;
    }
    return x;
}
```

```
bool MillerRabin(int num)
{
    int m,b,a,z,r;
    int i,j;
    m=num-1;
    b=0;
    while (m%2==0){
        m=m/2;
        b+=1;
    }
    printf("m=%d,b=%d",m,b);
    r=num-1;
    for (i=0;i<10;i++){    //安全参数为10,最多迭代10次
        a=rand()%r;
        z=power(a,m,num);   //这里调用模幂运算 power()
        printf("\na=%d",a);
        printf("  z=%d",z);
        if ((z! =1)&&(z! =(num-1))) {
            j=0;
            while ((j<b)&&(z! =(num-1))){
                z=(z*z)%num;
                if (z==0) return 0;   //n 为合数
                else j++;
            }
        }
        else return 1;
        if  (z! =(num-1))   return 0;
    }
    return 1;
}


int main(int argc, char * argv[])
{
    int pp;
    printf("Input a number:");
    scanf("%d",&pp);
    if (MillerRabin(pp))   printf("\nPrime");
    else   printf("\nNot prime");
    return 0;
}
```

3. 运行结果

运行程序 Miller-Rabin.cpp,如图 2-5 所示,输入整数 59,输出判定结果:Prime。

图 2-5　用 Miller-Rabin 算法判定素数实验结果

注意：(1) 概率算法有可能产生误判，经过独立的 t 轮迭代后，Miller-Rabin 算法将一个合数误判为素数的可能性不大于 $\left(\dfrac{1}{4}\right)^t$。

(2) 上述程序代码中产生随机数时调用了 math.h 中的 rand() 函数，这个函数实际上使用的是线性同余法，其输出随机性较弱。为了增强随机性，可以使用 GMP 函数库中提供的方法，详见本书实验五。

实验三 分组密码

3.1 数据加密标准 DES 的原理与实现

一、实验目的

通过实验，掌握 DES 密码的程序实现，提高 C++程序设计能力。

二、实验要求

编写 DES 密码的加解密程序，运行并验证。

（1）输入 64 比特明文和密钥，利用 DES 密码对其加密并输出密文。

（2）输入 DES 密码加密的 64 比特密文和密钥，对其进行解密。

（3）要有对应的程序调试记录和验证记录。

三、DES 密码介绍

DES 是 Feistel 结构密码，明文分组长度是 64 比特，密文分组长度也是 64 比特。加密过程要经过 16 轮迭代，种子密钥长度为 64 比特，但其中有 8 比特奇偶校验位，因此有效密钥长度是 56 比特。密钥扩展算法生成 16 个 48 比特的子密钥，在 16 轮迭代中使用。解密与加密采用相同的算法，并且所使用的密钥也相同，只是各个子密钥的使用顺序不同。

DES 算法的全部细节都是公开的，其安全性完全依赖于密钥的保密。

算法包括初始置换 IP、16 轮迭代、逆初始置换 IP^{-1} 以及密钥扩展算法，加密流程如图 3-1 所示。下面分别介绍各个部分。

1. 初始置换 IP

将 64 比特的明文重新排列，而后分成左右

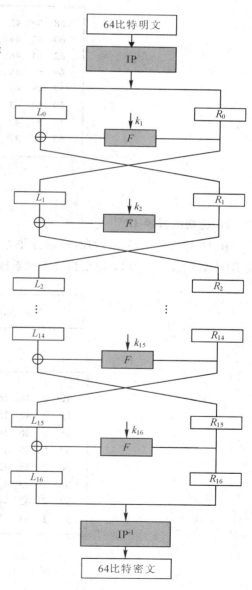

图 3-1 DES 算法加密流程图

两块，每块 32 比特。IP 置换表如图 3-2 所示，观察这张置换表可以发现，IP 中相邻两列元素位置号数相差为 8，前 32 个元素均为偶数号码，后 64 个均为奇数号码，这样的置换相当于将原明文各字节按列写出，各列比特经过偶采样和奇采样置换后，再对各行进行逆序排列，将阵中元素按行读出便构成置换的输出。

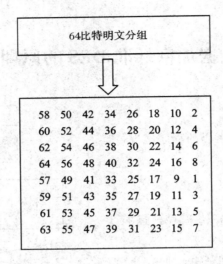

图 3-2　初始置换 IP

2. 逆初始置换 IP⁻¹

在 16 轮迭代之后，将左右两段合并为 64 比特，进行置换 IP⁻¹，输出 64 比特密文。置换 IP⁻¹ 如图 3-3 所示，输出为阵中元素按行读出的结果。

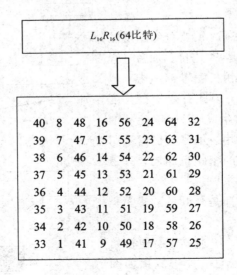

图 3-3　逆初始置换 IP⁻¹

IP 和 IP⁻¹ 的输入与输出是已知的一一对应关系，它们的作用在于打乱原来输入的

ASCII 码字划分,并将原来明文的校验位,即第 8、16、24、…、64 位变为 IP 输出的一个字节。

3. 轮函数 F

轮函数 F 是 DES 算法的核心部分。将经过 IP 置换后的数据分成 32 比特的左右两块,记为 L_0 和 R_0,将其迭代 16 轮,迭代采用 Feistel 结构。在每轮迭代时,右边的部分要依次经过选择扩展运算 E、密钥加运算、选择压缩运算 S 和置换 P,这些变换的复合称为轮函数 F。图 3-4 所示为 F 函数的组成结构图。

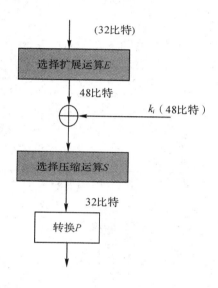

图 3-4　F 函数

选择扩展运算(也称为 E 盒)的目的是将输入的右边 32 比特扩展成为 48 比特,其变换表由图 3-5 给出。

32	1	2	3	4	5
4	5	6	7	8	9
8	9	10	11	12	13
12	13	14	15	16	17
16	17	18	19	20	21
20	21	22	23	24	25
24	25	26	27	28	29
28	29	30	31	32	1

图 3-5　选择扩展运算 E

E 盒输出的 48 比特与 48 比特的轮密钥按位模 2 加,然后经过选择压缩运算(也称为 S 盒),得到 32 比特的输出。S 盒(见表 3-1)是 DES 算法中唯一的非线性部分,它是一个查表运算。其中共有 8 张非线性的代替表,每张表的输入为 6 比特,输出为 4 比特。在查表之前,将输入的 48 比特分为 8 组,每组 6 比特,分别进入 8 个 S 盒进行运算。

表 3-1　DES 算法的 S 盒

		0	1	2	3	4	5	6	7	8	9	10	11	12	13	14	15
S_1	0	14	4	13	1	2	15	11	8	3	10	6	12	5	9	0	7
	1	0	15	7	4	14	2	13	1	10	6	12	11	9	5	3	8
	2	4	1	14	8	13	6	2	11	15	12	9	7	3	10	5	0
	3	15	12	8	2	4	9	1	7	5	11	3	14	10	0	6	13
S_2	0	15	1	8	14	6	11	3	4	9	7	2	13	12	0	5	10
	1	3	13	4	7	15	2	8	14	12	0	1	10	6	9	11	5
	2	0	14	7	11	10	4	13	1	5	8	12	6	9	3	2	15
	3	13	8	10	1	3	15	4	2	11	6	7	12	0	5	14	9
S_3	0	10	0	9	14	6	3	15	5	1	13	12	7	11	4	2	8
	1	13	7	0	9	3	4	6	10	2	8	5	14	12	11	15	1
	2	13	6	4	9	8	15	3	0	11	1	2	12	5	10	14	7
	3	1	10	13	0	6	9	8	7	4	15	14	3	11	5	2	12
S_4	0	7	13	14	3	0	6	9	10	1	2	8	5	11	12	4	15
	1	13	8	11	5	6	15	0	3	4	7	2	12	1	10	14	9
	2	10	6	9	0	12	11	7	13	15	1	3	14	5	2	8	4
	3	3	15	0	6	10	1	13	8	9	4	5	11	12	7	2	14
S_5	0	2	12	4	1	7	10	11	6	8	5	3	15	13	0	14	9
	1	14	11	2	12	4	7	13	1	5	0	15	10	3	9	8	6
	2	4	2	1	11	10	13	7	8	15	9	12	5	6	3	0	14
	3	11	8	12	7	1	14	2	13	6	15	0	9	10	4	5	3
S_6	0	12	1	10	15	9	2	6	8	0	13	3	4	14	7	5	11
	1	10	15	4	2	7	12	9	5	6	1	13	14	0	11	3	8
	2	9	14	15	5	2	8	12	3	7	0	4	10	1	13	11	6
	3	4	3	2	12	9	5	15	10	11	14	1	7	6	0	8	13
S_7	0	4	11	2	14	15	0	8	13	3	12	9	7	5	10	6	1
	1	13	0	11	7	4	9	1	10	14	3	5	12	2	15	8	6
	2	1	4	11	13	12	3	7	14	10	15	6	8	0	5	9	2
	3	6	11	13	8	1	4	10	7	9	5	0	15	14	2	3	12
S_8	0	13	2	8	4	6	15	11	1	10	9	3	14	5	0	12	7
	1	1	15	13	8	10	3	7	4	12	5	6	11	0	14	9	2
	2	7	11	4	1	9	12	14	2	0	6	10	13	15	3	5	8
	3	2	1	14	7	4	10	8	13	15	12	9	0	3	5	6	11

运算规则为：假设输入的 6 比特为 $b_1b_2b_3b_4b_5b_6$，则 b_1b_6 构成一个两位的二进制数，用于指示表中的行，中间四个比特 $b_2b_3b_4b_5$ 构成的二进制数用于指示列，位于选中的行和列上的数作为这张代替表的输出。例如：对于 S_1，设输入为 010001，则应选第 1(01) 行，第 8(1000) 列上的数，是 10，因此输出为 1010。

置换 P 是一个 32 比特的换位运算，对 $S_1 \sim S_8$ 输出的 32 比特数据进行换位，如图 3-6 所示。

16	7	20	21
29	12	28	17
1	15	23	26
5	18	31	10
2	8	24	14
32	27	3	9
19	13	30	6
22	11	4	25

图 3-6 置换 P

4. 密钥生成算法

64 比特初始密钥经过置换选择 PC-1、循环移位运算、置换选择 PC-2，产生 16 轮迭代所用的子密钥 k_i，如图 3-7 所示。初始密钥的第 8、16、24、32、40、48、56、64 位是奇

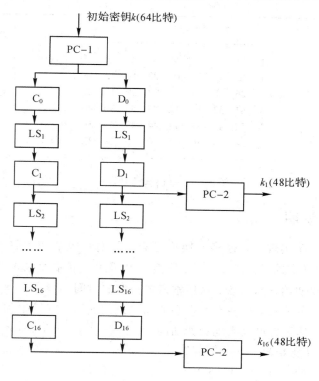

图 3-7 子密钥生成算法

偶校验位,其余 56 位为有效位。置换选择 PC-1(见图 3-8)的目的是从 64 位初始密钥中选出 56 位有效位。PC-1 输出的 56 比特被分为两组,每组 28 比特,分别进入 C 寄存器和 D 寄存器中,并进行循环左移,左移的位数由表 3-2 给出。每次移位后,将 C 和 D 中的原存数送给置换选择 PC-2(见图 3-9),PC-2 将 C 中第 9、18、22、25 位和 D 中第 7、9、15、26 位删去,将其余数字置换位置,输出 48 比特,作为轮密钥。

```
57  49  41  33  25  17   9
 1  58  50  42  34  26  18
10   2  59  51  43  35  27
19  11   3  60  52  44  36
63  55  47  39  31  23  15
 7  62  54  46  38  30  22
14   6  61  53  45  37  29
21  13   5  28  20  12   4
```

图 3-8　置换选择 PC-1

表 3-2　移位次数表

子密钥序号	1	2	3	4	5	6	7	8	9	10	11	12	13	14	15	16
循环左移位数	1	1	2	2	2	2	2	2	1	2	2	2	2	2	2	1

```
14  17  11  24   1   5   3  28
15   6  21  10  23  19  12   4
26   8  16   7  27  20  13   2
41  52  31  37  47  55  30  40
51  45  33  48  44  49  39  56
34  53  46  42  50  36  29  32
```

图 3-9　置换选择 PC-2

四、代码实现与说明

在分组密码的程序实现中,很多变换均是查表运算,包括初始置换 IP、初始逆置换 IP^{-1}、选择扩展变换 E、选择压缩变换 S、置换 P 以及密钥扩展算法中的 PC-1 和 PC-2,在编写程序时首先要初始化这些表,这通常需要一定的时间和精力。

处理分组密码中的变换,往往需要在字节和二进制比特、字符串和二进制比特串之间进行转换,以下的工具函数可以实现这些功能。

1. 字节转换成 8 比特串

```
int ByteToBit(char ch, char bit[8])
{
    int cnt;
```

```
        for(cnt = 0;cnt < 8; cnt++)
        {
            * (bit+cnt) = (ch>>cnt)&1;//将 ch 的二进制值的 cnt 位放在 bit[cnt]中。
        }
        return 0;
    }
```

2. 8 比特串转换成字节

```
    int BitToByte(char bit[8],char * ch){
        int cnt;
        for(cnt = 0;cnt < 8; cnt++)
        {
            * ch |= * (bit + cnt)<<cnt;
        }
        return 0;
    }
```

3. 长度为 8 的字符串转化为长度为 64 的比特串

```
    int Char8ToBit64(ElemType ch[8],ElemType bit[64]){
        int cnt;
        for(cnt = 0; cnt < 8; cnt++)
        {
            ByteToBit( * (ch+cnt),bit+(cnt<<3));
        }
        return 0;
    }
```

4. 长度为 64 的比特串转化为长度为 8 的字符串

```
    int Bit64ToChar8(ElemType bit[64],ElemType ch[8]){
        int cnt;
        memset(ch,0,8);
        for(cnt = 0; cnt < 8; cnt++)
        {
            BitToByte(bit+(cnt<<3),ch+cnt);
        }
        return 0;
    }
```

以下代码实现 DES 的密钥扩展算法：

```
    //生成 16 个 48 比特的子密钥
    int DES_MakeSubKeys(ElemType key[64],ElemType subKeys[16][48]){
        ElemType temp[56];
        int cnt;
        DES_PC1_Transform(key,temp);//PC1 置换
        for(cnt = 0; cnt < 16; cnt++)//16 轮迭代，每轮产生 1 个子密钥
```

```
    {
        DES_ROL(temp,ROL_TIMES[cnt]);//循环左移
        DES_PC2_Transform(temp,subKeys[cnt]);//PC2 置换，产生子密钥
    }
    return 0;
}


//密钥置换 1
int DES_PC1_Transform(ElemType key[64], ElemType tempbts[56]){
    int cnt;
    for(cnt = 0; cnt < 56; cnt++)
    {
        tempbts[cnt] = key[PC_1[cnt]];
    }
    return 0;
}


//密钥置换 2
int DES_PC2_Transform(ElemType key[56], ElemType tempbts[48]){
    int cnt;
    for(cnt = 0; cnt < 48; cnt++)
    {
        tempbts[cnt] = key[PC_2[cnt]];
    }
    return 0;
}


//循环左移
int DES_ROL(ElemType data[56], int time){
    ElemType temp[56];

    //保存将要循环移动到右边的位
    memcpy(temp,data,time);
    memcpy(temp+time,data+28,time);

    //前 28 位移动
    memcpy(data,data+time,28-time);
    memcpy(data+28-time,temp,time);

    //后 28 位移动
    memcpy(data+28,data+28+time,28-time);
    memcpy(data+56-time,temp+time,time);
```

```
            return 0;
        }
```

以下代码实现 DES 的轮函数:

```
    //IP 置换
    int DES_IP_Transform(ElemType data[64]){
        int cnt;
        ElemType temp[64];
        for(cnt = 0; cnt < 64; cnt++)
        {
            temp[cnt] = data[IP_Table[cnt]];
        }
        memcpy(data,temp,64);
        return 0;
    }


    //IP 逆置换
    int DES_IP_1_Transform(ElemType data[64]){
        int cnt;
        ElemType temp[64];
        for(cnt = 0; cnt < 64; cnt++)
        {
            temp[cnt] = data[IP_1_Table[cnt]];
        }
        memcpy(data,temp,64);
        return 0;
    }


    //扩展变换
    int DES_E_Transform(ElemType data[48]){
        int cnt;
        ElemType temp[48];
        for(cnt = 0; cnt < 48; cnt++)
        {
            temp[cnt] = data[E_Table[cnt]];
        }
        memcpy(data,temp,48);
        return 0;
    }


    //P 置换
    int DES_P_Transform(ElemType data[32]){
```

```
        int cnt;
        ElemType temp[32];
        for(cnt = 0; cnt < 32; cnt++)
        {
            temp[cnt] = data[P_Table[cnt]];
        }
        memcpy(data,temp,32);
        return 0;
}


//异或
int DES_XOR(ElemType R[48], ElemType L[48] ,int count){
    int cnt;
    for(cnt = 0; cnt < count; cnt++){
        R[cnt] ^= L[cnt];
    }
    return 0;
}


//S 盒变换
int DES_SBOX(ElemType data[48]){
    int cnt;
    int line,row,output;
    int cur1,cur2;
    for(cnt = 0; cnt < 8; cnt++)
    {
        cur1 = cnt * 6;
        cur2 = cnt<<2;

        //计算在 S 盒中的行与列
        line = (data[cur1]<<1) + data[cur1+5];
        row = (data[cur1+1]<<3) + (data[cur1+2]<<2)
            + (data[cur1+3]<<1) + data[cur1+4];
        output = S[cnt][line][row];

        //化为二进制
        data[cur2] = (output&0X08)>>3;
        data[cur2+1] = (output&0X04)>>2;
        data[cur2+2] = (output&0X02)>>1;
        data[cur2+3] = output&0x01;
    }
    return 0;
```

```
        }

    //交换
    int DES_Swap(ElemType left[32], ElemType right[32]){
        ElemType temp[32];
        memcpy(temp,left,32);
        memcpy(left,right,32);
        memcpy(right,temp,32);
        return 0;
    }
```

以下代码实现加密与解密：

```
    //加密单个分组
    int DES_EncryptBlock(ElemType plainBlock[8], ElemType subKeys[16][48], Elem-
Type cipherBlock[8]){
        ElemType plainBits[64];
        ElemType copyRight[48];
        int cnt;

        Char8ToBit64(plainBlock,plainBits);
        //初始置换(IP 置换)
        DES_IP_Transform(plainBits);

        //16 轮迭代
        for(cnt = 0; cnt < 16; cnt++){
            memcpy(copyRight,plainBits+32,32);
            //将右半部分进行扩展置换，从 32 位扩展到 48 位
            DES_E_Transform(copyRight);
            //将右半部分与子密钥进行异或操作
            DES_XOR(copyRight,subKeys[cnt],48);
            //异或结果进入 S 盒，输出 32 位结果
            DES_SBOX(copyRight);
            //P 置换
            DES_P_Transform(copyRight);
            //将明文左半部分与右半部分进行异或
            DES_XOR(plainBits,copyRight,32);
            if(cnt ! = 15){
                //最终完成左右部的交换
                DES_Swap(plainBits,plainBits+32);
            }
        }
        //逆初始置换(IP⁻¹ 置换)
        DES_IP_1_Transform(plainBits);
```

```
        Bit64ToChar8(plainBits,cipherBlock);
        return 0;
    }


    //解密单个分组
    int DES_DecryptBlock(ElemType  cipherBlock[8],   ElemType subKeys[16][48],Elem-
Type  plainBlock[8]){
        ElemType cipherBits[64];
        ElemType copyRight[48];
        int cnt;

        Char8ToBit64(cipherBlock,cipherBits);
        //初始置换(IP 置换)
        DES_IP_Transform(cipherBits);


        //16 轮迭代
        for(cnt = 15; cnt >= 0; cnt--){
            memcpy(copyRight,cipherBits+32,32);
            //将右半部分进行扩展置换,从 32 位扩展到 48 位
            DES_E_Transform(copyRight);
            //将右半部分与子密钥进行异或操作
            DES_XOR(copyRight,subKeys[cnt],48);
            //异或结果进入 S 盒,输出 32 位结果
            DES_SBOX(copyRight);
            //P 置换
            DES_P_Transform(copyRight);
            //将明文左半部分与右半部分进行异或
            DES_XOR(cipherBits,copyRight,32);
            if(cnt ! = 0){
                //最终完成左右部的交换
                DES_Swap(cipherBits,cipherBits+32);
            }
        }
        //逆初始置换(IP⁻¹ 置换)
        DES_IP_1_Transform(cipherBits);
        DES_Bit64ToChar8(cipherBits,plainBlock);
        return 0;

    }
```

本节列出了 DES 加解密的核心函数,完整代码(参考李子巨,杨亚涛所著书籍《典型密码算法 C 语言实现》)包括各表的初始化,main 函数等详见出版社网站所附代码。

3.2 高级加密标准 AES 的原理与实现

一、实验目的

通过实验，掌握 AES 密码的程序实现，同时提高 C＋＋程序设计能力。

二、实验要求

编写 AES 密码的加解密程序，运行并验证。

（1）输入 128 比特明文和密钥，利用 AES 密码对明文加密并输出密文。

（2）输入 AES 密码加密的 128 比特密文和密钥，对密文进行解密。

（3）要求有对应的程序调试记录和验证记录。

三、AES 密码介绍

1. 背景及算法概述

1997 年，美国国家标准技术研究所（NIST）发起了征集高级加密标准 AES（Advanced Encryption Standard）的活动，目的是确定一个美国政府 21 世纪应用的数据加密标准，以替代原有的加密标准 DES（Data Encryption Standard）。对 AES 的基本要求是比三重 DES 快且至少与三重 DES 一样安全，数据分组长度为 128 比特，密钥长度为 128、192 或 256 比特。

1998 年，NIST 宣布接受 15 个候选算法并提请全世界的密码研究界协助分析这些候选算法，经考察，选定 MARS、RC6、Rijndael、Serpent 和 Twofish 等五个算法参加决赛。NIST 对 AES 评估的主要准则是安全性、效率和算法的实现特性，其中安全性是第一位的，候选算法应当抵抗已知的密码分析方法，如针对 DES 的差分分析、线性分析、相关攻击等。在满足安全性的前提下，效率是最重要的评估因素，包括算法在不同平台上的计算速度和对内存空间的需求等。算法的实现特性包括灵活性等，如在不同类型的环境中能够安全和有效地运行，可以作为序列密码、Hash 算法实现等。此外，算法必须能够用软件和硬件两种方法实现。在决赛中，Rijndael 从 5 个算法中脱颖而出，最终被选为新的加密标准。

设计 Rijndael 的是两位比利时密码专家，一位是"国际质子世界"（Proton World International）公司的 Joan Daemen 博士，另一位是比利时鲁汶大学电器工程系的 Vincent Rijmen 博士。他们在这之前曾设计了 Square 密码，Rijndael 是 Square 算法的改进版。

Rijndael 的主要特征如下：

（1）Rijndael 是迭代型分组密码，数据分组长度和密钥长度都可变，并可独立地指定为 128、192 或 256 比特。分组长度不同，迭代圈数也不同，如果用 N_b 和 N_k 分别表示明文长度和密钥长度，r 表示轮数，则它们之间的关系为

$$r = \max\left\{\frac{N_b}{32}, \frac{N_k}{32}\right\} + 6$$

本节只介绍分组长度和密钥长度均为 128 比特的 10 轮 AES 算法，即标准的 AES 算

法。其他分组长度和密钥长度的 Rijndael 算法只是迭代轮数和密钥扩展算法不同，本节不再赘述。

（2）Rijndael 中的所有运算都是针对字节的，因此可将数据分组表示成以字节为单位的数组。

（3）与 DES 不同，Rijndael 没有采用 Feistel 结构，而是采用 SPN 结构，这是一种针对差分分析和线性分析的设计方法。

2. 算法细节

首先将输入的明文分组划分为 16 个字节，并且把字节数据块按 $a_{00}\ a_{10}\ a_{20}\ a_{30}\ a_{01}\ a_{11}$ $a_{21}\ a_{31}\ a_{02}\ a_{12}\ a_{22}\ a_{32}\ a_{03}\ a_{13}\ a_{23}\ a_{33}$ 顺序映射为状态字节矩阵，在加密操作结束时，密文按照相同的顺序从矩阵中抽取，映射的状态矩阵为

$$\begin{bmatrix} a_{00} & a_{01} & a_{02} & a_{03} \\ a_{10} & a_{11} & a_{12} & a_{13} \\ a_{20} & a_{21} & a_{22} & a_{23} \\ a_{30} & a_{31} & a_{32} & a_{33} \end{bmatrix}$$

Rijndael 密码的加密流程如下：

（1）由密钥扩展算法将 128 比特的种子密钥扩展为 11 个 128 比特的轮密钥 K_0，K_1，…，K_{10}，每一个轮密钥同样被表示成与明文状态矩阵大小相同的矩阵。

（2）密钥白化：将明文状态矩阵与第一个轮密钥 K_0 异或加运算。

（3）执行 9 轮完全相同的轮变换。

（4）执行最后一轮轮变换，省去列混合运算。

（5）将步骤（4）中的输出结果按照顺序抽取出来形成密文。

Rijndael 密码的轮函数分为四步：字节代替、行移位、列混合和子密钥加，这些运算是实现混乱和扩散的关键。

1）字节代替（SubBytes）

这是算法中唯一的非线性运算，代替表（S 盒）是可逆的，且由两个变换构成。首先把字节的值在 $GF(2^8)$ 中取乘法逆，此时 $GF(2^8)$ 的生成多项式是

$$m(x) = x^8 + x^4 + x^3 + x + 1$$

0 映射到其自身；然后将得到的字节值经过如下定义的一个仿射变换：

$$\begin{bmatrix} y_0 \\ y_1 \\ y_2 \\ y_3 \\ y_4 \\ y_5 \\ y_6 \\ y_7 \end{bmatrix} = \begin{bmatrix} 1 & 0 & 0 & 0 & 1 & 1 & 1 & 1 \\ 1 & 1 & 0 & 0 & 0 & 1 & 1 & 1 \\ 1 & 1 & 1 & 0 & 0 & 0 & 1 & 1 \\ 1 & 1 & 1 & 1 & 0 & 0 & 0 & 1 \\ 1 & 1 & 1 & 1 & 1 & 0 & 0 & 0 \\ 0 & 1 & 1 & 1 & 1 & 1 & 0 & 0 \\ 0 & 0 & 1 & 1 & 1 & 1 & 1 & 0 \\ 0 & 0 & 0 & 1 & 1 & 1 & 1 & 1 \end{bmatrix} \begin{bmatrix} x_0 \\ x_1 \\ x_2 \\ x_3 \\ x_4 \\ x_5 \\ x_6 \\ x_7 \end{bmatrix} + \begin{bmatrix} 1 \\ 1 \\ 0 \\ 0 \\ 0 \\ 1 \\ 1 \\ 0 \end{bmatrix}$$

字节代替又称为 S 盒变换，实际加密过程通常是通过查表运算获取字节替换的运算结果，如表 3-3 所示。

表 3 - 3　AES 加密算法的 S 盒

	0	1	2	3	4	5	6	7	8	9	a	b	c	d	e	f
0	63	7c	77	7b	f2	6b	6f	c5	30	01	67	2b	fe	d7	ab	79
1	ca	82	c9	7d	fa	59	47	f0	ad	d4	a2	af	9c	a4	72	c0
2	b7	fd	93	26	36	3f	f7	cc	34	a5	e5	f1	71	d8	31	15
3	04	c7	23	c3	18	96	05	9a	07	12	80	e2	eb	27	b2	75
4	09	83	2c	1a	1b	6e	5a	a0	52	3b	d6	b3	29	e3	2f	84
5	53	d1	00	ed	20	fc	61	5b	6a	cd	be	39	4a	4c	58	cf
6	d0	ef	aa	fb	43	4d	33	85	45	f9	02	7f	50	3c	9f	a8
7	51	a3	40	8f	92	9d	38	f5	bc	b6	da	21	10	ff	f3	d2
8	cd	0c	13	ec	5f	97	44	17	c4	e7	7e	3d	64	5d	19	73
9	60	81	4f	dc	22	2a	90	88	46	ee	b8	14	de	5e	0b	db
a	e0	32	3a	0a	49	06	24	5c	c2	d3	ac	62	91	95	c4	79
b	e7	c8	37	6d	8d	d5	4e	a9	6c	56	f4	ea	65	7a	ae	08
c	ba	78	25	2e	1c	a6	b4	c6	e8	dd	74	1f	4b	bd	8b	8a
d	70	3e	b5	66	48	03	f6	0e	61	35	57	b9	86	c1	1d	9e
e	e1	f8	98	11	69	d9	8e	94	9b	1e	87	e9	ce	55	28	df
f	8c	a1	89	0d	bf	e6	42	68	41	99	2d	0f	b0	54	bb	16

2）行移位（ShiftRow）

状态行移位不同的位移量，第 0 行不移动，第 1 行循环右移 1 个字节，第 2 行循环右移 2 个字节，第 3 行循环右移 3 个字节，即

$$
\begin{pmatrix}
a_{00} & a_{01} & a_{02} & a_{03} \\
a_{10} & a_{11} & a_{12} & a_{13} \\
a_{20} & a_{21} & a_{22} & a_{23} \\
a_{30} & a_{31} & a_{32} & a_{33}
\end{pmatrix}
\rightarrow
\begin{pmatrix}
a_{00} & a_{01} & a_{02} & a_{03} \\
a_{11} & a_{12} & a_{13} & a_{10} \\
a_{22} & a_{23} & a_{20} & a_{21} \\
a_{33} & a_{30} & a_{31} & a_{32}
\end{pmatrix}
$$

3）列混合（MixColumn）

将状态的每一列视为 $GF(2^8)$ 上的一个次数不超过 3 的多项式，比如，第一列对应的多项式为 $a_{30}x^3 + a_{20}x^2 + a_{10}x + a_{00}$，将它与一个固定的多项式 $c(x)$ 模 $M(x) = x^4 + 1$ 相乘，其中

$$c(x) = "03"x^3 + "01"x^2 + "01"x + "02"$$

通过简单的计算，可以将列混合运算表示为如下的矩阵形式，由此可知列混合运算也是一个线性变换。

$$\begin{bmatrix} a_{00} & a_{01} & a_{02} & a_{03} \\ a_{10} & a_{11} & a_{12} & a_{13} \\ a_{20} & a_{21} & a_{22} & a_{23} \\ a_{30} & a_{31} & a_{32} & a_{33} \end{bmatrix} \rightarrow \begin{bmatrix} b_{00} & b_{01} & b_{02} & b_{03} \\ b_{10} & b_{11} & b_{12} & b_{13} \\ b_{20} & b_{21} & b_{22} & b_{23} \\ b_{30} & b_{31} & b_{32} & b_{33} \end{bmatrix}$$

$$\begin{bmatrix} b_{0j} \\ b_{1j} \\ b_{2j} \\ b_{3j} \end{bmatrix} = \begin{bmatrix} 02 & 03 & 01 & 01 \\ 01 & 02 & 03 & 01 \\ 01 & 01 & 02 & 03 \\ 03 & 01 & 01 & 02 \end{bmatrix} \begin{bmatrix} a_{0j} \\ a_{1j} \\ a_{2j} \\ a_{3j} \end{bmatrix}$$

$b_j, a_j \in GF(2^8)$，$j = 0, 1, 2, 3$。

4）子密钥加（AddRoundKey）

将子密钥与各个状态按位模 2 加即可。

由于 Rijndael 算法是 SPN 结构的分组密码，所以它的解密算法是加密算法的逆运算，这时轮密钥的使用顺序是 K_{10}，…，K_1，只是解密流程的每一步都是加密流程相应步骤的逆运算。

3．密钥扩展算法

在 Rijndael 中，种子密钥长度为 128 比特时，$N_k = 4$，即有 4 个 32 比特的密钥字，相应地种子密钥长度为 192 比特和 256 比特分别对应着 $N_k = 6$ 和 $N_k = 8$。$N_k \leqslant 6$ 和 $N_k > 6$ 时的密钥扩展算法是不同的，即对于 256 比特的密钥，其扩展算法与 128 比特和 192 比特有所区别，但差别不大。这里给出 $N_k \leqslant 6$ 时算法的 C 语言伪代码：

```
for i=0 to 3
    W(i)=(K(4i),K(4i+1),K(4i+2),K(4i+3));
for i=N_k to N_b(N_r+1)
    Temp=W(i-1);
    if i mod N_k=0
        Temp=SubByte(RotByte(Temp))⊕RC(i/N_k);
    W(i)=W(i-N_k)⊕Temp;
```

其中 SubByte 是返回 4 字节字的一个函数，返回的 4 字节字中的每个字节是 S 盒作用到输入字中相应位置处的字节而得到的结果。函数 RotByte 是循环左移一个字节。$RC(i/N_k)$ 是轮常数，与 N_k 无关，定义为

$$RC(j) = (R(j), "00", "00", "00")$$

$R(j)$ 是 $GF(2^8)$ 中的元素，定义为

$$R(1) = 1, R(j) = x \cdot R(j-1)$$

4．性能分析

Rijndael 密码结构简单，没有复杂的运算，在通用处理器上用软件实现非常快。由于运算是针对字节的，因而可以在 8 位处理器上通过编程来实现各个环节。对于 SubBytes，需要建立一个 256 字节的表，该运算即为查表运算。ShiftRow 是简单的移位运算。MixColumn 是 $GF(2^8)$ 中的矩阵乘法，而乘法运算可以转化为移位和加法的合成。密钥扩展过程中的所有运算可以以字节为单位有效地实现。用 32 位处理器实现时，变换的不同步骤可以组合成单个集合的查表，从而使运算速度更快。

Rijndael 密码适合用专用芯片实现。对硬件的要求很可能局限于两种特殊情形：

(1) 速度相当高且没有芯片规模限制。

(2) 提高加密执行速度的智能卡上的微型协处理器。

由于 Rijndael 的加密和解密运算不一致，因此，实现加密的硬件不能自动支持解密运算，而只能为解密提供部分帮助。

综上所述，Rijndael 密码之所以被选为新的加密标准，是因为它具有以下几个优点：

(1) 安全性：这不仅体现在密钥长度远远大于 DES，而且其在设计的过程中充分考虑了现有的密码分析方法，避免了可能存在的弱点。NIST 对 AES 安全性的要求是没有任何针对决赛算法的攻击报告，Rijndael 显然符合这个要求。

(2) 简单的设计思想和复杂的数学原理并存：这在满足安全性要求的同时，提供了使用的有效性，它是一种用软件和硬件都很容易实现的算法。

(3) 灵活性：这主要体现在数据分组长度和密钥长度均可独立地变化，以及轮数也可随着应用环境不同而改变。

四、代码实现与说明

我们只针对 128 比特密钥的 AES，即 AES-128 进行实现。利用 AES-128 算法进行加解密时，需要用到一些基本的运算，比如有限域上的乘法运算，有限域上的幂运算，有限域上的求逆运算等。在编写 AES-128 代码时，首先需要定义这些基本的运算。

```
//有限域上的乘法运算
#define Poly 0x11b
unsigned char Mul( unsigned char aa , unsigned char bb )
{
  int a , b ;
  a = (int)(aa) ;
  b = (int)(bb) ;
int t , value ;
value = 0 ;
for( int i = 0 ; i < 8 ; i ++ )
{
    t = ( b>>i ) & 0x1 ;
    if(t)
    value ^= (a<<i) ;
}
for( int j = 15 ; j > 7 ; j -- )
{
    t = ( value>>j ) & 0x1 ;
    if(t)
        value ^= (Poly<<(j-8)) ;
}
```

```
        return (unsigned int)(value) ;
    }
```

定义了有限域上的乘法运算，则不难实现有限域上的幂运算和有限域上的求逆运算。因为 a^n 只需要将 a 自乘 n 次，a^{-1} 只需求 a^{254} 即可。

```
//有限域上的幂运算
unsigned char Power( unsigned char a , int n )
{
  if( (a==0)&&(n!=0) )
      return 0 ;
  else
  {
      unsigned char value ;
      value = 1 ;
      for( int t = 0 ; t < n ; t++ )
          value = Mul(value,a) ;
      return value ;
  }
}


//有限域上的求逆运算
unsigned char inverse( unsigned char a )
{
    unsigned char y ;
    y = Power(a,254) ;
    return y ;
}
```

在加密算法中，我们将会用到以 02 和 03 为乘数的字节乘法运算，本书中的策略是将任意 8 比特值作为输入，利用上述乘法运算，首先给出这两个乘法表 S2[256] 和 S3[256]，接下来在加密过程中就可以直接调用了。

以下代码实现密钥扩展算法：

```
void KeyExpansion( unsigned char K[16] , unsigned char k[11][16] )
{
    unsigned char RC[10] ;
    RC[0] = 1 ;
    for( int i = 1 ; i < 10 ; i++ )
        RC[i] = Mul(0x02,RC[i-1]) ;
    for( i = 0 ; i < 16 ; i++ )
        k[0][i] = K[i];
    for( i = 1 ; i < 11 ; i++ )
    {
```

```
        k[i][ 0] = k[i−1][ 0] ^ S[k[i−1][13]] ^ RC[i−1];
        k[i][ 1] = k[i−1][ 1] ^ S[k[i−1][14]];
        k[i][ 2] = k[i−1][ 2] ^ S[k[i−1][15]];
        k[i][ 3] = k[i−1][ 3] ^ S[k[i−1][12]];
        k[i][ 4] = k[i−1][ 4] ^ k[i][ 0];
        k[i][ 5] = k[i−1][ 5] ^ k[i][ 1];
        k[i][ 6] = k[i−1][ 6] ^ k[i][ 2];
        k[i][ 7] = k[i−1][ 7] ^ k[i][ 3];
        k[i][ 8] = k[i−1][ 8] ^ k[i][ 4];
        k[i][ 9] = k[i−1][ 9] ^ k[i][ 5];
        k[i][10] = k[i−1][10] ^ k[i][ 6];
        k[i][11] = k[i−1][11] ^ k[i][ 7];
        k[i][12] = k[i−1][12] ^ k[i][ 8];
        k[i][13] = k[i−1][13] ^ k[i][ 9];
        k[i][14] = k[i−1][14] ^ k[i][10];
        k[i][15] = k[i−1][15] ^ k[i][11];
    }
}
```

以下代码实现轮函数中的运算:

```
//密钥加运算
void AddRoundKey( unsigned char * a , unsigned char * Key )
{
    for( int i = 0 ; i < 16 ; i ++ )
        a[i] ^= Key[i];
}

//S 盒替换
void SubBytes( unsigned char * input )
{
    for( int i = 0 ; i < 16 ; i ++ )
        input[i] = S[input[i]];
}

//行移位运算
void ShiftRows( unsigned char * a )
{
    unsigned char b[16];
    b[ 0] = a[ 0];b[ 4] = a[ 4];b[ 8] = a[ 8];b[12] = a[12];
    b[ 1] = a[ 5];b[ 5] = a[ 9];b[ 9] = a[13];b[13] = a[ 1];
    b[ 2] = a[10];b[ 6] = a[14];b[10] = a[ 2];b[14] = a[ 6];
    b[ 3] = a[15];b[ 7] = a[ 3];b[11] = a[ 7];b[15] = a[11];
```

```
    for( int i = 0 ; i < 16 ; i ++ )
        a[i] = b[i] ;
}
```

//列混合运算

```
void MixColumns( unsigned char * a )
{
    unsigned char b[16] ;
    b[ 0] = S2[a[ 0]] ^ S3[a[ 1]] ^ a[ 2] ^ a[ 3] ;
    b[ 1] = S2[a[ 1]] ^ S3[a[ 2]] ^ a[ 3] ^ a[ 0] ;
    b[ 2] = S2[a[ 2]] ^ S3[a[ 3]] ^ a[ 0] ^ a[ 1] ;
    b[ 3] = S2[a[ 3]] ^ S3[a[ 0]] ^ a[ 1] ^ a[ 2] ;
    b[ 4] = S2[a[ 4]] ^ S3[a[ 5]] ^ a[ 6] ^ a[ 7] ;
    b[ 5] = S2[a[ 5]] ^ S3[a[ 6]] ^ a[ 7] ^ a[ 4] ;
    b[ 6] = S2[a[ 6]] ^ S3[a[ 7]] ^ a[ 4] ^ a[ 5] ;
    b[ 7] = S2[a[ 7]] ^ S3[a[ 4]] ^ a[ 5] ^ a[ 6] ;
    b[ 8] = S2[a[ 8]] ^ S3[a[ 9]] ^ a[10] ^ a[11] ;
    b[ 9] = S2[a[ 9]] ^ S3[a[10]] ^ a[11] ^ a[ 8] ;
    b[10] = S2[a[10]] ^ S3[a[11]] ^ a[ 8] ^ a[ 9] ;
    b[11] = S2[a[11]] ^ S3[a[ 8]] ^ a[ 9] ^ a[10] ;
    b[12] = S2[a[12]] ^ S3[a[13]] ^ a[14] ^ a[15] ;
    b[13] = S2[a[13]] ^ S3[a[14]] ^ a[15] ^ a[12] ;
    b[14] = S2[a[14]] ^ S3[a[15]] ^ a[12] ^ a[13] ;
    b[15] = S2[a[15]] ^ S3[a[12]] ^ a[13] ^ a[14] ;
    for( int i = 0 ; i < 16 ; i ++ )
        a[i] = b[i] ;
}
```

以下代码实现 AES - 128 的 10 轮完整加密:

```
void AES( unsigned char plaintext[16] , unsigned char ciphertext[16] , unsigned char
    k[11][16] , int Rround )
{
    for( int i = 0 ; i < 16 ; i ++ )
    ciphertext[i] = plaintext[i] ;
    AddRoundKey( ciphertext,k[0] ) ;
    for( int round = 1 ; round < Rround ; round ++ )
    {
        SubBytes( ciphertext ) ;
        ShiftRows( ciphertext ) ;
        MixColumns( ciphertext ) ;
```

```
            AddRoundKey( ciphertext,k[round] );
        }
        SubBytes( ciphertext );
        ShiftRows( ciphertext );
        AddRoundKey( ciphertext,k[Rround] );
    }
```

AES-128 的解密算法相似，请参考本书所附的完整代码，这里不再赘述。

3.3 商用分组密码标准 SMS4 的原理与实现

一、实验目的

通过实验，掌握 SMS4 密码的程序实现，同时提高 C++程序设计能力。

二、实验要求

编写 SMS4 密码的加/解密程序，运行并验证。

（1）输入 128 比特明文和密钥，利用 SMS4 密码对明文加密并输出密文。

（2）输入 SMS4 密码加密的 128 比特密文和密钥，对密文进行解密。

（3）要求有对应的程序调试记录和验证记录。

三、SMS4 密码介绍

SMS4 密码是我国第一个商用分组密码标准，于 2006 年 2 月公布，是中国无线局域网安全标准推荐使用的分组密码算法。

1. 加密算法

SMS4 算法的分组长度和密钥长度均为 128 比特，加密算法采用 32 轮的非平衡 Feistel 结构，算法将轮函数迭代 32 轮，之后加上一个反序变换，目的是使加密和解密流程保持一致，解密只需将加密密钥逆序使用。

在 SMS4 的加密过程中，128 比特的明文和密文均使用 4 个 32 比特的字来表示，明文记为 (X_0, X_1, X_2, X_3)，密文记为 (Y_0, Y_1, Y_2, Y_3)，假设 32 比特的中间变量为 X_i，$4 \leqslant i \leqslant 35$，则加密流程如下：

（1）$X_{i+4} = F(X_i, X_{i+1}, X_{i+2}, X_{i+3}, rk_i) = X_i \oplus T(X_{i+1} \oplus X_{i+2} \oplus X_{i+3} \oplus rk_i)$，$i = 0, \cdots, 31$

（2）$(Y_0, Y_1, Y_2, Y_3) = R(X_{32}, X_{33}, X_{34}, X_{35}) = (X_{35}, X_{34}, X_{33}, X_{32})$

其中，F 是轮函数，T 是合成变换，rk_i 是第 $i+1$ 轮轮密钥，R 是反序变换。

合成置换 T 是将 32 比特映射为 32 比特的可逆变换，由非线性变换 τ 和线性变换 L 复合而成，即首先用 τ 变换作用于 32 比特输入，其结果再用 L 变换作用，记为 $T(\cdot) =$

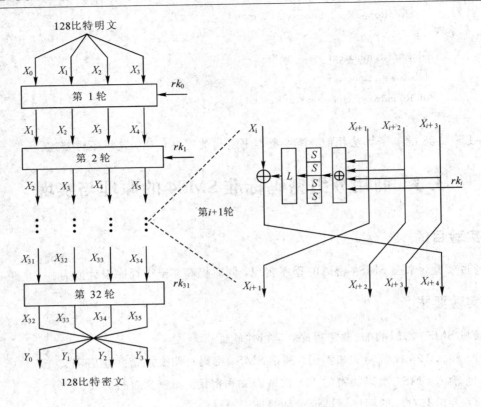

图 3-10 SMS4 加密算法流程图

$L(\tau(\cdot))$。τ 变换由 4 个相同的 S 盒组成，该 S 盒是一个 8 比特的替换，可以通过查表实现，见表 3-4。若输入记为 $A=(a_0,a_1,a_2,a_3)$，则输出为 $B=(S(a_0),S(a_1),S(a_2),S(a_3))$。

线性变换 L 的输入是 τ 变换的输出，即上述 B，若线性变换 L 的输出记为 C，则

$$C=L(B)=B\oplus(B<<<2)\oplus(B<<<10)\oplus(B<<<18)\oplus(B<<<24)$$

其中，"$<<<$"为循环左移。

表 3-4 SMS4 加密算法的 S 盒

	0	1	2	3	4	5	6	7	8	9	a	b	c	d	e	f
0	d6	90	e9	fe	cc	e1	3d	b7	16	b6	14	c2	28	fb	2c	05
1	2b	67	9a	76	2a	be	04	c3	aa	44	13	26	49	86	06	99
2	9c	42	50	f4	91	ef	98	7a	33	54	0b	43	ed	cf	ac	62
3	e4	B3	1c	a9	c9	08	e8	95	80	df	94	fa	75	8f	3f	a6
4	47	07	a7	fc	f3	73	17	ba	83	59	3c	19	e6	85	4f	a8
5	68	6b	81	b2	71	64	da	8b	f8	eb	0f	4b	70	56	9d	35
6	1e	24	0e	5e	63	58	d1	a2	25	22	7c	3b	01	21	78	87
7	d4	00	46	57	9f	d3	27	52	4c	36	02	e7	a0	c4	c8	9e

	0	1	2	3	4	5	6	7	8	9	a	b	c	d	e	f
8	ea	bf	8a	d2	40	c7	38	b5	a3	f7	f2	ce	f9	61	15	a1
9	e0	ae	5d	a4	9b	34	1a	55	ad	93	32	30	f5	8c	b1	e3
a	1d	f6	e2	2e	82	66	ca	60	c0	29	23	ab	0d	53	4e	6f
b	d5	db	37	45	de	fd	8e	2f	03	ff	6a	72	6d	6c	5b	51
c	8d	1b	af	92	bb	dd	bc	7f	11	d9	5c	41	1f	10	5a	d8
d	0a	c1	31	88	a5	cd	7b	bd	2d	74	d0	12	b8	e5	b4	b0
e	89	69	97	4a	0c	96	77	7e	65	b9	f1	09	c5	6e	c6	84
f	18	f0	7d	cc	3a	dc	4d	20	79	ee	5f	3e	d7	cb	39	48

2. 解密算法

SMS4 具有加解密一致性，即解密算法与加密算法采用相同的结构和轮函数，唯一的不同在于轮密钥的使用顺序刚好相反。下面对加解密一致性进行证明。

设加密时轮密钥使用顺序为 $(rk_0, rk_1, \cdots, rk_{30}, rk_{31})$，定义变换 $T_k(a, b, c, d) = (b, c, d, a \oplus T(b \oplus c \oplus d \oplus k))$ 和变换 $\sigma(a, b, c, d) = (d, c, b, a)$。容易验证 σ^2 以及 $\sigma T_k \circ \sigma \circ T_k$ 都是恒等变换，因此 $T_k^{-1} = \sigma \circ T_k \circ \sigma$。于是，32 轮完整 SMS4 算法的加密流程可以表示为以下变换：

$$Y = E_K(X) = \sigma \circ T_{rk_{31}} \circ T_{rk_{30}} \circ \cdots \circ T_{rk_1} \circ T_{rk_0}(X)$$

从而解密流程为

$$X = E_K^{-1}(Y) = (\sigma \circ T_{rk_{31}} \circ T_{rk_{30}} \circ \cdots \circ T_{rk_1} \circ T_{rk_0})^{-1}(Y)$$

$$= (T_{rk_0}^{-1} \circ T_{rk_1}^{-1} \circ \cdots \circ T_{rk_{30}}^{-1} \circ T_{rk_{31}}^{-1} \circ \sigma^{-1})(Y)$$

$$= (\sigma \circ T_{rk_0} \circ \sigma \circ \sigma \circ T_{rk_1} \circ \sigma \cdots \circ \sigma \circ T_{rk_{30}} \circ \sigma \circ \sigma \circ T_{rk_{31}} \circ \sigma \circ \sigma^{-1})(Y)$$

$$= (\sigma \circ T_{rk_0} \circ T_{rk_1} \circ \cdots \circ T_{rk_{30}} \circ T_{rk_{31}})(Y)$$

由上式可知，解密轮密钥的使用顺序为 $(rk_{31}, rk_{30}, \cdots, rk_1, rk_0)$。

3. 密钥扩展算法

SMS4 的密钥扩展算法是将 128 比特的种子密钥扩展生成 32 个轮密钥。首先将 128 比特的种子密钥 MK 分为 4 个 32 比特字，记为 (MK_0, MK_1, MK_2, MK_3)。

给定系统参数 FK 和固定参数 CK，它们均由 4 个 32 比特字构成，记为 $FK = (FK_0, FK_1, FK_2, FK_3)$，$CK = (CK_0, CK_1, CK_2, CK_3)$，则按照如下算法生成轮密钥：

(1) $(K_0, K_1, K_2, K_3) = (MK_0 \oplus FK_0, MK_1 \oplus FK_1, MK_2 \oplus FK_2, MK_3 \oplus FK_3)$

(2) $rk_i = K_{i+4} = K_i \oplus T'(K_{i+1} \oplus K_{i+2} \oplus K_{i+3} \oplus CK_i)$，$i = 0, 1, \cdots, 31$

变换 T' 与加密算法轮函数中的合成置换 T 基本相同，只是将其中的线性变换 L 换成 L' 即

$$L': L' = B \oplus (B <\!< 13) \oplus (B <\!< 23)，即 \ T(\cdot) = L'(\tau(\cdot))$$

系统参数

$$FK = (FK_0, FK_1, FK_2, FK_3) = (a3b1bac6, 56aa3350, 677d9197, b27022dc)$$

固定参数

43

$$CK_i = (ck_{i,0}, ck_{i,1}, ck_{i,2}, ck_{i,3}), \quad ck_{i,j} = (4i+j) \times 7 \bmod 256$$

具体取值参见表 3 - 5。

表 3 - 5　SMS4 算法中固定参数 CK_i 的取值

00070e15	1c232a31	383f464d	545b6269
70777e85	8c939aa1	a8afb6bd	c4cbd2d9
e0e7eef5	fc030a11	181f262d	343b4249
50575e65	6c737a81	888f969d	a4abb2b9
c0c7ced5	dce3eaf1	f8ff060d	141b2229
30373e45	4c535a61	686f767d	848b9299
a0a7aeb5	bcc3cad1	d8dfe6ed	f4fb0209
10171e25	2c333a41	484f565d	646b7279

4. SMS4 的安全性

由于 SMS4 算法的重要性，在它发布之初就引起了广泛关注，对 SMS4 算法的安全性评价是一个研究热点。到目前为止，针对 SMS4 算法的主要分析方法有差分分析、线性分析、不可能差分分析和矩形分析。

1）差分分析和线性分析

对于 23 轮以上的 SMS4 算法，差分分析和线性分析的复杂度均已经超过了穷尽搜索[1][2]，也就是说到目前为止，两种分析方法对于全部轮数的 SMS4 算法是无效的。

2）不可能差分分析

不可能差分分析方法的原理是寻找算法中广泛存在的概率为 0 的差分，将导致这种差分的密钥作为错误密钥进行淘汰，进而得到正确密钥。16 轮以上的 SMS4 对于这种攻击是免疫的[3]。

针对 SMS4 算法，除了以上几种攻击之外，还有矩形攻击、零相关线性分析等方法，但是到目前为止，差分分析和线性分析对 SMS4 仍然是最有效的分析方法。这说明，SMS4 算法保持了较高的安全冗余，具有较好的抗破解能力。

四、代码实现与说明

为了实现 SMS4 密码算法，首先需要定义加密过程中使用的几个变换：循环移位变换、非线性变换 τ、加密中的线性变换 L 以及密钥扩展算法中的线性变换 L'。代码如下：

1. Rotl(x,y) 定义为将 32 位的 x 循环左移 y 位

```
#define Rotl(x, y) ((x << y) | (x >> (32 - y)))
```

2. ByteSub(A) 为非线性变换，取 A 的 4 个字节分别进行 S 盒变换

```
#define ByteSub(A) (Sbox[(A) >> 24 & 0xFF] << 24 ^ Sbox[(A) >> 16 & 0xFF] << 16 ^ Sbox[(A) >> 8 & 0xFF] << 8 ^ Sbox[(A) & 0xFF])
```

3. 加密中的线性变换 L

```
#define L1(B) ((B) ^ Rotl(B, 2) ^ Rotl(B, 10) ^ Rotl(B, 18) ^ Rotl(B, 24))
```

4. 密钥扩展中的线性变换 L'

```
#define L2(B) ((B) ^ Rotl(B, 13) ^ Rotl(B, 23))
```

以下代码为 SMS4 的密钥扩展算法函数，这里将 CryptTag 作为一个加/解密的标识，如果 CryptTag 为加密，则生成的密钥为正序，如果 CryptTag 为解密，则生成的密钥为逆序。

```
void SMS4KeyExp(unsigned char * Key, unsigned int * rk, unsigned int CryptTag)
//key 为加密密钥，rk 为轮密钥
{
    unsigned int r, temp, x0, x1, x2, x3, * p;
    p = (unsigned int * )Key;
    //此时 p 指向密钥，以便将密钥 Key 分解为 4 个 32 比特字
    x0 = p[0];
    x1 = p[1];
    x2 = p[2];
    x3 = p[3];
    //进行密钥白化
    x0 ^= 0xa3b1bac6;
    x1 ^= 0x56aa3350;
    x2 ^= 0x677d9197;
    x3 ^= 0xb27022dc;
    for (r = 0; r < 32; r += 4)
    //进行 32 轮密钥扩展，每次进行 4 轮变换，共进行 8 次
    {
        temp = x1 ^ x2 ^ x3 ^ CK[r + 0];
        temp = ByteSub(temp);
        rk[r + 0] = x0 ^= L2(temp);
        temp = x2 ^ x3 ^ x0 ^ CK[r + 1];
        temp = ByteSub(temp);
        rk[r + 1] = x1 ^= L2(temp);
        temp = x3 ^ x0 ^ x1 ^ CK[r + 2];
        temp = ByteSub(temp);
        rk[r + 2] = x2 ^= L2(temp);
        temp = x0 ^ x1 ^ x2 ^ CK[r + 3];
        temp = ByteSub(temp);
        rk[r + 3] = x3 ^= L2(temp);
    }
    if (CryptTag == DECRYPT) //当为解密模式时，需要将密钥逆序排列
    {
        for (r = 0; r < 16; r++)
            temp = rk[r], rk[r] = rk[31 - r], rk[31 - r] = temp;
    }
}
```

以下代码为 SMS4 的加/解密函数：

```
void SMS4Enc(unsigned char * Input, unsigned char * Output, unsigned int * rk)
```

//Input：明文分组，Output：密文分组，rk：轮密钥

```
{
    unsigned int r, temp, x0, x1, x2, x3, * p;
    p = (unsigned int * )Input; //此时 p 指针指向输入
    x0 = p[0];
    x1 = p[1];
    x2 = p[2];
    x3 = p[3];

    for (r = 0; r < 32; r += 4) //进行 32 轮加密，一次进行 4 轮，共进行 8 次
    {
        temp = x1 ^ x2 ^ x3 ^ rk[r + 0];
        temp = ByteSub(temp);
        x0 ^= L1(temp);
        temp = x2 ^ x3 ^ x0 ^ rk[r + 1];
        temp = ByteSub(temp);
        x1 ^= L1(temp);
        temp = x3 ^ x0 ^ x1 ^ rk[r + 2];
        temp = ByteSub(temp);
        x2 ^= L1(temp);
        temp = x0 ^ x1 ^ x2 ^ rk[r + 3];
        temp = ByteSub(temp);
        x3 ^= L1(temp);
    }

    p = (unsigned int * )Output;   //此时 p 指针指向输出
    p[0] = x3;
    p[1] = x2;
    p[2] = x1;
    p[3] = x0;
}
```

实验四　流　密　码

4.1　线性同余发生器

一、实验目的

熟悉线性同余发生器算法，使用C＋＋语言编写实现线性同余发生器算法的程序，加深对伪随机数生成的理解。

二、实验要求

（1）利用VC＋＋语言实现线性同余发生器算法。

（2）利用线性同余发生器生成伪随机数。

（3）分析生成的伪随机数的随机性。

三、实验原理

计算机产生的随机数是使用确定的算法计算出来的。一旦知道了随机数算法和初始种子，就能够知道随机序列中任何一个随机数的值，因此，计算机产生的随机数是一种伪随机数。伪随机数的生成算法称为伪随机数发生器。随机数有多种生成算法。

到目前为止，使用最为广泛的随机数产生技术是由 Lehmer 首先提出的线性同余算法，即使用下面的递推关系产生一个伪随机数列 x_1，x_2，x_3，$\cdots$。

这个算法有四个参数，分别是：

a	乘数	$0 \leqslant a < m$
b	增量	$0 \leqslant b < m$
m	模数	$m > 0$
x_0	初始种子	$0 \leqslant x_0 < m$

伪随机数序列 $\{x_n\}$ 通过下列迭代方程得到：

$$x_{n+1} = ax_n + b \bmod m$$

如果 m、a、b 和 x_0 都是整数，那么通过这个迭代方程将产生一系列整数，其中每个数都在 $0 \leqslant x_n < m$ 的范围内。数值 m、a、b 的选择对建立一个好的伪随机数发生器十分关键。为了形成一个很长的伪随机数序列，需要将 m 设置为一个很大的数。一个常用准则是将 m 选为几乎等于一个给定计算机所能表示的最大非负整数。因而，在一个 32 位计算机上，通常选择的 m 值是一个接近或等于 2^{31} 的整数。此外，为了使得随机数列不易被重现，可以使用当前时刻的毫秒数作为初始种子值。

四、实验内容与步骤

1. 实验内容

程序完成的功能是：

（1）以系统时间为种子，生成 x_0 的初始值。

（2）采用公式 $x_{n+1} = ax_n + b \mod m$ 产生 $0 \sim 100$ 之间的伪随机数，其中 $a = 31$，$b = 13$，$m = 2^{15} - 1$。

2. 实验源码

```cpp
#include <ctime>
#include <iostream>
class MyRand
{
public：
    unsigned int seed；
    //默认使用系统时间作为种子
    //time(NULL) 返回从 1970 年元旦午夜 0 点到现在的秒数
    void srand(unsigned int s = (unsigned int)time(NULL))
    {
        seed = s；
    }

    unsigned int rand()
    {
        seed = (seed * 31 + 13) % ((1 << 15) - 1)；
        return seed；
    }
};

int main()
{
    MyRand a；
    a. srand()；   //使用系统时间作为种子
    std：：cout << "产生若干个随机数：" << std：：endl；
    for (int i = 0；i < 100；i++)
        std：：cout << a. rand() % 100 << " "；   //生成 0~100 之间的随机数
    getchar()；
    return 0；
}
```

3. 实验结果

实验结果如图 4-1 所示。

图 4-1　用线性同余法生成的随机数

4.2　LFSR 及流密码加解密

一、实验目的

编程实现简单的线性反馈移位寄存器(LFSR)，理解线性反馈移位寄存器的工作原理，掌握流密码的算法结构和加解密过程。

二、实验要求

(1) 利用 VC++语言实现 LFSR(其中 LFSR 已给定)。

(2) 通过不同初始状态生成相应序列，观察其周期和特点。

(3) 利用生成的序列对文本进行加/解密运算。

三、实验原理

一个简单的流加密算法需要一个"随机"的二进制序列作为密钥，通过将明文与这个随机的密钥流进行 XOR 逻辑运算，就可以生成密文，将密文与相同的随机密钥进行 XOR 逻辑运算即可还原明文，具体流程如图 4-2 所示。

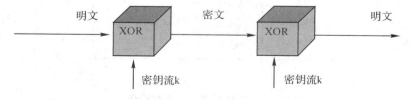

图 4-2　流密码算法加/解密示意图

明文序列：$m = m_1 m_2 m_3 \cdots$;

密钥序列：$z = z_1 z_2 z_3 \cdots$;

密文序列：$c = c_1 c_2 c_3 \cdots$;

加密变换：$c_i = z_i \oplus m_i (i = 1, 2, 3, \cdots)$;

解密变换：$m_i = z_i \oplus c_i (i = 1, 2, 3, \cdots)$。

XOR 逻辑运算实现起来十分简单，当作用于比特位上时，它是一个快速而有效的加密方法。但必须解决随机密钥流的生成问题，密钥流必须有足够强的随机性，并且对于合法用户而言，再生该密钥流是容易的。密钥流生成器基于一个短的种子密钥来产生随机密钥流。

产生密钥流的方法有多种，最普遍的是采用线性反馈移位寄存器(LFSR)生成。如图4-3所示，在反馈系数确定的情况下，对于任何的初始状态，都可获得一个比特流的输出。

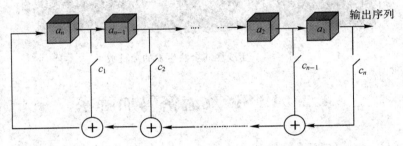

图 4-3　GF(2)上的 n 级线性反馈移位寄存器

四、实验内容及步骤

1. 实验内容

给定的 LFSR 结构如图 4-4 所示，程序完成的功能是：

(1) 由给定的初始状态序列生成密钥流序列。

(2) 选择进行文件加密还是解密。

(3) 如果选择文件加密，则从 in.txt 中读取明文，用密钥流序列进行加密，密文保存于 out.txt 中；如果选择文件解密，则从 out.txt 中读取密文，用密钥流序列进行解密，明文保存于 in.txt 中。

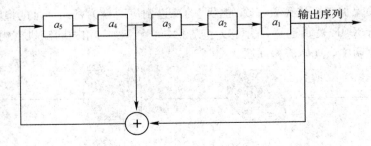

图 4-4　线性反馈移位寄存器结构

注意：每次加/解密操作前，都需要对 in. txt 和 out. txt 文件中的内容进行填写或修改，以防出现错误的加/解密输入。pow(x，y)函数的作用是计算 x 的 y 次方，x、y 及函数值都是 double 型。

2. 实验源代码

```
#include<iostream>
#include<vector>
#include<cmath>
#include<fstream>
using namespace std;
int main()
{

    ///下面是密钥的产生/////
    int a[31]={1,1,0,0,1};
    for(int k=5;k<31;++k)
        a[k]=(a[k-2]+a[k-5])%2;
        cout<<"密钥如下："<<endl;
    for(int jj=0;jj<31;++jj)
        cout<<a[jj]<<' ';
    cout<<endl;
    /////////////////////////
    int i=0,key;
    cout<<"请选择操作方式：1-加密 2-解密"<<endl;
    cin>>key;
    vector<int>s,ss;
    if(key==1||key==2)
    {
        if(key==1)
        {
            cout<<"加密成功，密文见 out. txt"<<endl;
            ifstream in("in. txt");
            ofstream out("out. txt");
            char c;
            while(in>>c)
            {
                int sum=0;
                int j;
                for(j=0;j<8;++j)
                    sum+=pow((double)2,(double)(7-j)) * a[(i+j)%31];
                if(i+j>32)
```

```
                    i=(i+j-1)%31+1;
            else
                i=i+8;
            s. push_back((int(c)^sum);


        }
        for(int kk=0;kk<s. size();++kk)
        {
            out<<char(s[kk]);
        }


    }
    if(key=2)
    {
        cout<<"解密成功, 明文见 in. txt"<<endl;
        ifstream in("out. txt");
        ofstream out("in. txt");
        char c;
        while(in>>c)
        {
            int sum=0;
            int j;
            for(j=0;j<8;++j)
                sum+=pow((double)2,(double)(7-j)) * a[(i+j)%31];
            if(i+j>32)
                i=(i+j-1)%31+1;
            else
                i=i+8;
            s. push_back((int(c)^sum);
        }
        for(int kk=0;kk<s. size();++kk)
            out<<char(s[kk]);
        }
    }
    else
        cout<<"操作无效! "<<endl;

}
```

3. 实验结果

1）加密运算

在"in. txt"中输入"123abc", 如图 4-5 所示。

图 4 - 5　in. txt 文件内容

实验结果如图 4 - 6 所示。

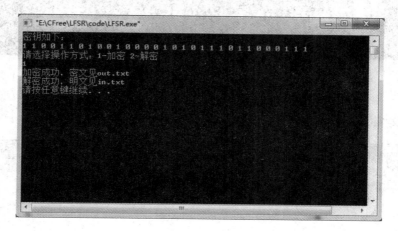

图 4 - 6　实验结果

图 4 - 7 中显示了"out. txt"中的密文。

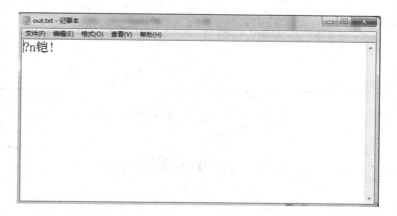

图 4 - 7　密文

2）解密运算

对"out.txt"中的密文进行解密，实验结果如图 4-8 所示。

图 4-8 解密结果

得到明文"in.txt"，如图 4-9 所示。

图 4-9 "in.txt"中的明文

4.3 RC4 密码算法

一、实验目的

理解 RC4 密码的结构，应用 C++编程实现 RC4 密码算法体制。

二、实验要求

（1）用 VC＋＋语言实现 RC4 密码算法。

（2）理解初始化向量 **S** 和密钥流生成的实现原理。

（3）对输入的明文序列进行加/解密运算。

三、实验原理

RC4 算法是 Ron Rivest 在 1987 年设计的一种流密码，它非常简单，易于描述，其加密密钥和解密密钥相同，密钥长度可变，但为了确保密码算法的安全强度，目前 RC4 使用至少 128 位的密钥。用 1～256 个字节（8～2048 位）的可变长度密钥初始化一个 256 字节的状态向量 **S**，**S** 的元素记为 $S[0]$，$S[1]$，…，$S[255]$，从始至终置换后的 **S** 包含从 0 到 255 的所有 8 比特数。对于加密和解密，字节 K 是从 **S** 的 255 个元素中按一种系统化的方式选出的一个元素生成的。每生成一个 K 的值，**S** 中的元素个体就被重新置换一次。RC4 算法分为两部分：初始化 **S** 和密钥流生成。

1）初始化 **S**

开始时，**S** 中的元素的值被置为从 0 到 255 升序，即 $S[0]=0$，$S[1]=1$，…，$S[255]=255$，同时建立一个临时矢量 **T**，如图 4-10 所示。

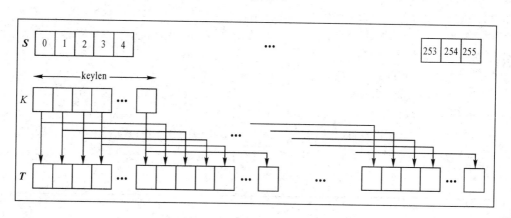

图 4-10　**S** 和 **T** 的初始状态

如果密钥 K 的长度为 256 字节，则将 K 赋给 **T**，否则，若密钥长度为 keylen 字节，则将 K 的值赋给 **T** 的前 keylen 个元素，并重复用 K 的值赋给 **T** 剩下的元素，直到 **T** 的所有元素都被赋值。其预操作如下：

```
for i＝0 to 255 do
    S[i]＝i;
    T[i]＝K[i mod keylen];
```

然后用 **T** 产生 **S** 的初始置换，从 $S[0]$ 到 $S[255]$，对每个 $S[i]$，根据由 $T[i]$ 确定的方案，将 $S[i]$ 置换为 **S** 中的另一个字节，如图 4-11 所示。

```
j＝0;
```

```
for i=0 to 255 do
    j=(j+S[i]+T[i]) mod 256;
    swap(S[i], S[j]);
```

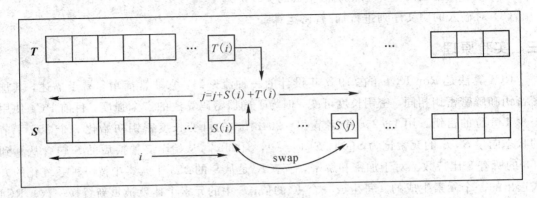

图 4-11   初始化 S

2）密钥流生成

矢量 S 一旦完成初始化，输入密钥就不再被使用，密钥流的生成是从 $S[0]$ 到 $S[255]$，对每个 $S[i]$，根据当前 S 的值，将 $S[i]$ 与 S 中的另一个字节置换，当 $S[255]$ 完成置换后，操作继续重复，从 $S[0]$ 开始，如图 4-12 所示。

```
i, j=0;
while(true)
    i=(i+1) mod 256;
    j=(j+S[i]) mod 256;
    swap(S[i],S[j]);
    t=(S[i]+S[j]) mod 256;
    K=S[t];   //对 K 重新赋值
```

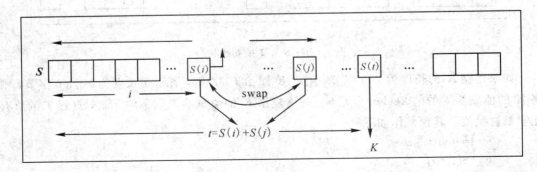

图 4-12   密钥流生成

加密时，将 K 的值与下一明文字节异或；解密时，将 K 的值与下一密文字节异或。

四、实验内容与步骤

1. 实验内容

程序完成的功能是：

（1）输入明文，利用设定的加/解密密钥加密得到密文。

（2）选择输入 1 时加密新的明文，选择输入 2 时对刚加密的密文进行解密，选择输入 3
时退出系统。

2. 实验源码

```cpp
#include <iostream>
using namespace std;
#include<string. h>
#include<stdio. h>
typedef unsigned long ULONG;
void swap(unsigned char * S, unsigned int i, unsigned int j)
{
    unsigned char temp = S[i];
    S[i] = S[j];
    S[j] = temp;
}


void rc4_init(unsigned char * S, unsigned char * Kunsigned long Len)
{
    int i =0, j = 0, T[256] = {0};
    for(i=0;i<256;i++)
    {    S[i]=i;
        T[i]=K[i%Len];
    }
    for (i=0; i<256; i++)
    {    j=(j+S[i]+T[i])%256;
        swap(S,i,j);
    }
}
void rc4_crypt(unsigned char * S,unsigned char * Data, unsigned long Len)
{
    int x=0,y=0,t=0;
    unsigned long i=0;
    for(i=0;i<Len;i++)
    {
        x=(x+1)%256;
        y=(y+S[x])%256;
```

```
            t=(S[x]+S[y])%256;
            swap(S,x,y);
            Data[i] ^= S[t];
        }
    }
int main()
{
    int function=1;
    unsigned char S[256] = {0};//向量 S
        char K[256] = {"其实 RC4 算法很简单!"};
    char pData[512]={"\0"};

    while(true)
    {
    if(function==1)
    {
        cout<<"输入要加密的明文:"<<pData<<endl;
        cin>>pData;
         ULONG len = strlen(pData);
         cout<<"输入加密所用的密钥:"<< K<<endl;
         cout<<"输出密钥的长度:"<<strlen(K)<<endl;
            rc4_init(S,(unsigned char * )key,strlen(K));//初始化
            rc4_crypt(S,(unsigned char * )pData,len);//加密
            cout<<"输出加密后的密文:"<<pData<<endl;
    }
        else if(function==2)
    {
        ULONG len = strlen(pData);
            rc4_init(S,(unsigned char * )K,strlen(key));//初始化
             rc4_crypt(S,(unsigned char * )pData,len);//解密
            cout<<"解密后的明文为:"<<pData;
    }
        else if(function=3)
    {
        cout<<"退出 RC4 加解密系统!"<<endl;
        break;
    }
        else
    {
        cout<<"请输入正确的命令符:\n";
```

```
        }
    cout<<"\n";
cout<<"输入1加密新的明文,输入2对刚加密的密文进行解密,输入3退出系统:\n";
cout<<"请输入命令符:\n";
cin>>function;
    }
}
```

3. 实验结果

运行程序后,得到界面如图4-13所示。

图4-13　程序界面

输入明文后,得到结果如图4-14所示。

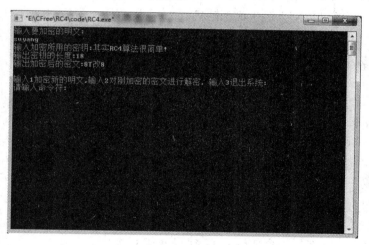

图4-14　输入明文

当输入2后,解密出明文结果;当输入3后,退出系统,如图4-15所示。

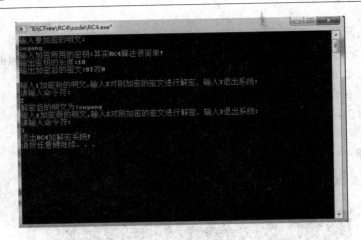

图 4-15　选择操作

4.4　BBS 随机数发生器

一、实验目的

熟悉 BBS(Blum Blum Shub)随机数发生器算法，使用 C++语言编写实现 BBS 随机数发生器算法的程序，加深对伪随机数生成的理解。

二、实验要求

(1) 利用 VC++语言实现 BBS 随机数发生器算法。

(2) 利用 BBS 随机数发生器生成伪随机数。

(3) 分析生成的伪随机数的随机性。

三、实验原理

BBS 算法是一种产生安全伪随机数的方法，由 Ienore Blum、Manuel Blum 和 Michael Shub 在 1986 年提出，其安全性基于对 n 的因子分解的困难性，即给定 n，不能确定它的素因子 p 和 q。BBS 算法过程描述如下：

输入：无。

输出：生成一个长度为 l 的伪随机比特序列 $b_1, b_2, b_3, \cdots, b_l$。

(1) 选择两个大素数 p 和 q 作为随机种子，要求它们被 4 除时都余 3，即 $p \equiv q \equiv 3 \bmod 4$。

(2) 令 $n = p \times q$，选择一个随机数 s，使得 $\gcd(s, n) = 1$。

(3) $x_0 = s^2 \bmod n$。

(4) i 从 1 开始，不断重复以下操作，直到 i 经过逐次加 1 后超过 l：

① $x_i = x_{i-1}^2 \bmod n$。

② $b_i = x_i \bmod 2$，即每次迭代都取出 x_i 最低位的比特。

③ 输出 b_i。

四、实验内容和步骤

1. 实验内容

程序完成的功能是：

（1）设置 p、q、s 的初始值。

（2）利用公式 $x_i = x_{i-1}^2 \bmod n$ 和 $b_i = x_i \bmod 2$ 产生相应的伪随机序列。

2. 实验源码

```
# include <stdio. h>
long long Blum,BLum,Shub;
# define RAND_MAX 65536
//两个参数必须为素数
# define BLUM 11
# define SHUB 19


int seed(int);
int( * rand)(int)=seed;//首先要输入种子
int blumblumshub(int shub){
    //生成足够用的BBS随机比特
    BLum   = 0;
    while (shub){
        Blum=(Blum * Blum)%Shub;
        BLum=(BLum<<1)|(Blum&1);
        shub>>=1;
    }
    return BLum>>1;
}


int seed(int n){
    Blum=n,BLum=BLUM;
    Shub=SHUB * BLum;
    rand=blumblumshub;
    return rand(n);
}


int main(int argv, char *  argc[]){
    int i;
    for (i=0;i<10;i++){
        printf("%d\n",rand(97));
    }
}
```

3. 实验结果

实验结果如图 4 - 16 所示。

图 4 - 16 BBS 发生器的输出

实验五 公钥密码

5.1 DH 协议

一、实验目的

通过实验熟练掌握 DH 协议，了解密钥协商协议的内涵，理解公钥密码算法程序设计的基本思路，提高 C++程序设计能力。

二、实验要求

（1）会基于 GMP 生成满足安全要求的大素数。

（2）正确编写 DH 协议算法。

（3）要求有对应的程序调试记录和验证记录。

三、实验内容

（一）算法描述

用户 A 和 B 通过公开信道建立共同的密钥。

1. 公用参数生成算法

这一步骤将为用户 A 和 B 生成公用的参数，执行如下操作：

① 选择大素数 p。

② 令 g 为 Z_p^*（$2 \leqslant g \leqslant p-2$）的生成元。

2. 协商密钥

① 用户 A 随机选择数 x（$1 \leqslant x \leqslant p-2$），计算 $g^x \bmod p$，并将之发送给 B。

② 用户 B 随机选择数 y（$1 \leqslant y \leqslant p-2$），计算 $g^y \bmod p$，并将之发送给 A。

③ 用户 B 收到 $g^x \bmod p$ 后，计算共享的密钥 $K = (g^x)^y \bmod p$。

④ 用户 A 收到 $g^y \bmod p$ 后，计算共享的密钥 $K = (g^y)^x \bmod p$。

（二）算法实现

1. 基本思路

本实验基于大整数库 GMP，使用其自带函数实现随机数生成、大素数生成和求本原根，接着按照密钥协商顺序实现算法。

2. 关键函数

1）随机数生成

满足密码学安全要求的随机数生成是一个较为困难的问题。直接使用 C 语言自带的随机函数，显然不能满足 DH 算法实际使用的要求。GMP 函数库提供了较为安全的一种生成方法，主要步骤如下：

（1）定义随机状态 state：使用函数 void gmp_randinit_mt（gmp randstate t state），设置 Mersenne Twister 算法的初始状态 state。该算法速度较快，并具有良好的随机性。

（2）为状态 state 赋值：使用函数 void gmp_randseed_ui(rstate1,seed)，设置一个初始值 seed 给状态 state。

seed 的值决定着随机数序列生成的数量，也决定着生成的随机数的随机性。每次生成随机数时，都应该取不同的 seed 值。所以选择 seed 值是至关重要的。通常，使用系统的当前时间作为 seed 值。但是应该注意的是：假如取值频繁，而且系统时钟变化很慢，那么随机数有可能重复出现；系统时间很容易猜测，导致随机数不够安全。建议在某些系统中使用专门的部件，如/dev/random 来提供随机值。

在本实验中，为简化程序，使用系统时间作为 seed 值。

（3）产生随机数：使用函数 void mpz_urandomm（mpz t rop, gmp randstate t state, const mpz t n），产生 0 到 n−1 闭区间内的一个随机数。

本实验设置了随机数生成函数 void random_num(mpz_t ran_num, mpz_t m, mpz_t n)，将生成[m,n]范围闭区间内的一个随机数，完整程序代码如下：

```
//产生闭区间[m,n]之间的一个随机数
void random_num(mpz_t ran_num, mpz_t m, mpz_t n) {
    mpz_t mn;
    mpz_init(mn);
    mpz_sub(mn,n,m);

    gmp_randstate_t rstate1;
    unsigned long seed;
    //等待 1 s
    Sleep(1000);
    seed=time(NULL);
    gmp_randinit_mt(rstate1);
    gmp_randseed_ui(rstate1,seed);

    int flag=1;
    while(flag)
    {
        mpz_urandomm（ran_num,rstate1,mn);
        flag=0;

    }

    mpz_add(ran_num,ran_num,m);
    gmp_printf("随机数为%Zd\n",ran_num);
    gmp_randclear（rstate1);
```

```
    mpz_clear(mn);
}
```

2）大素数生成

本实验设置了一个大素数生成函数 prime_gen(mpz_t p,mpz_t m，mpz_t n)，用于产生[m，n]闭区间内的一个随机大素数 p。主要思路是：首先产生[m，n]区间上的一个随机数，接着找到一个比该随机数大的素数 p，最后使用素性检测方法测试 p 是否是真正的素数。

使用到的函数有 3 个，分别为：

（1）void mpz_urandomm (mpz t rop, gmp randstate t state, const mpz t n)函数，产生[m,n]区间上的一个随机数。

（2）void mpz_nextprime (mpz t rop, const mpz t op)，生成一个比 op 大的素数 rop。

（3）int mpz_probab_prime_p (const mpz_t n, int reps)，这里 GMP 中的素数检测函数采用了目前最常用的素性检测方法：米勒-拉宾素性检测法。

完整代码如下：

```
void prime_gen(mpz_t p,mpz_t m, mpz_t n)
{
    mpz_t seed;
    mpz_init(seed);
    int flag=1;
    while(flag)
    {
        random_num(seed,m,n);
        mpz_nextprime(p,seed);

        printf("素数测试\n");
        if(mpz_probab_prime_p (p,20))
        {
            printf("素数测试结束\n");
            flag=0;
        }
    }
    //gmp_printf("大素数为%Zd\n",p);
    mpz_clear(seed);
}
```

3）求素数的本原根

```
void prime_root(mpz_t g, mpz_t p)

{

    mpz_t g2,r1,r2,s1,s2;
    mpz_init(s1);
```

```
        mpz_init(s2);
        mpz_init(g2);
        mpz_init(r1);
        mpz_init(r2);


        mpz_set_ui(s1,2);
        mpz_sub_ui(s2,p,2);
        random_num(g,s1,s2);


        int flag=1;
        while(flag)
        {
            mpz_mul(g2,g,g);
            mpz_mod (r1,g2, p);
            mpz_powm (r2, g, p, p);


            if(mpz_cmp_ui (r1,1)! =0 && mpz_cmp_ui (r2,1)! =0)
            {
                gmp_printf("本原根%s 为 %Zd\n", "g",g);
                flag=0;
              }
        }
        mpz_clear(s1);
        mpz_clear(s2);
        mpz_clear(g2);
        mpz_clear(r1);
        mpz_clear(r2);
    }
```

3. 实现代码

```
    int main(int argc, _TCHAR * argv[])
    {
        mpz_t q,p,g,m,n;
        mpz_init(m);
        mpz_init(q);
        mpz_init(p);
        mpz_init(g);
        mpz_init(n);


        mpz_set_ui(m,1);
        mpz_set_ui(n,100000);
        gmp_printf("大素数 p 的取值范围为 %Zd 到 %Zd \n",m,n);
```

```
    prime_gen(p,q,m,n);

    prime_root(g,p);

    //用户 A 随机选择 x，计算 gˣ，并将其发送给 B
    mpz_t x,gx;
    mpz_init(x);
    mpz_init(gx);

    mpz_t s1;
    mpz_t s2;
    mpz_init(s1);
    mpz_init(s2);

    mpz_set(s1,m);
    mpz_sub_ui(s2,p,2);

    random_num(x,s1, s2);
    gmp_printf("随机数 %s 为 %Zd\n", "x",x);

    mpz_powm (gx, g, x, p);
    gmp_printf("%s 的值为 %Zd\n", "gx",gx);

    //用户 B 随机选择 y，计算 gʸ，并将其发送给 A
    mpz_t y,gy;
    mpz_init(y);
    mpz_init(gy);

    random_num(y,s1, s2);
    gmp_printf("随机数 %s 为 %Zd\n", "y",y);

    mpz_powm (gy, g, y, p);
    gmp_printf("%s 的值为 %Zd\n", "gy",gy);

    //用户 B 收到 gˣ 后，计算共享的密钥 K_b
    mpz_t Kb;
    mpz_init(Kb);

    mpz_powm (Kb, gx, y, p);
    gmp_printf("用户 B 计算的共享密钥%s 为 %Zd\n", "Kb",Kb);
```

//用户 A 收到 g^y 后，计算共享的密钥 K_a。

```
mpz_t Ka；
mpz_init(Ka)；

mpz_powm (Ka，gy，x，p)；
gmp_printf("用户 A 计算的共享密钥%s 为 %Zd\n"，"Ka"，Ka)；

mpz_clear (m)；
mpz_clear (q)；
mpz_clear (p)；
mpz_clear (g)；
mpz_clear (x)；
mpz_clear (gx)；
mpz_clear (y)；
mpz_clear (gy)；
mpz_clear (s1)；
mpz_clear (s2)；
mpz_clear (Ka)；
mpz_clear (Kb)；

}
```

（三）实验结果

实验结果如图 5-1 所示。选取 $p=124\,199$，计算其本原根 $g=66\,487$。随机选择数 $x=940$，那么 $g^x \bmod p=3107$；随机选择数 $y=82\,547$，那么 $g^y \bmod p=21\,982$。用户 B 计算的共享密钥 $K_b=29\,283$，同样用户 A 计算的共享密钥 $K_a=29\,283$。

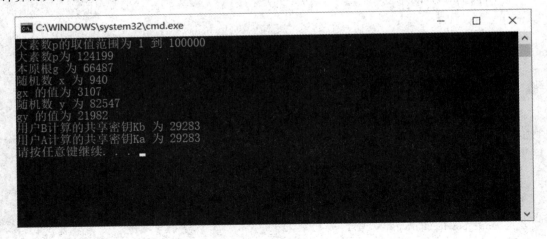

图 5-1　DH 协议的代码运行结果

5.2 RSA 密码

一、实验目的

熟悉 RSA 加解密算法的运行过程，使用 C++语言编写实现 RSA 算法程序，加深对素数筛选和使用的理解。

二、实验要求

（1）利用 VC++语言实现判定互素、筛选素参数算法。

（2）实现 RSA 加/解密算法。

（3）分析 RSA 参数的安全性能。

三、实验原理

RSA 加密算法的过程如下：

（1）取两个随机大素数 p 和 q（保密）。

（2）计算公开的模数 $r=pq$（公开）。

（3）计算秘密的欧拉函数 $\varphi(r)=(p-1)(q-1)$（保密），两个素数 p 和 q 不再需要，为了不泄露最好丢弃。

（4）随机选取整数 e，满足 $\gcd(e,\varphi(r))=1$（公开 e，加密密钥）。

（5）计算 d，满足 $de\equiv1(\bmod\ \varphi(r))$（保密 d，解密密钥，陷门信息）。

（6）将明文 x（其值的范围在 0 到 $r-1$ 之间）按模为 r 自乘 e 次幂以完成加密操作，从而产生密文 y（其值也在 0 到 $r-1$ 范围内）：

$$y=x^e(\bmod\ r)$$

（7）将密文 y 按模为 r 自乘 d 次幂，完成解密操作：

$$x=y^d(\bmod\ r)$$

下面用一个简单的例子来说明 RSA 公开密钥密码算法的工作原理。

取两个素数 $p=11$，$q=13$，p 和 q 的乘积为 $r=p\times q=143$，算出秘密的欧拉函数 $\varphi(r)=(p-1)\times(q-1)=120$，再选取一个与 $\varphi(r)=120$ 互质的数，例如 $e=7$，作为公开密钥，e 的选择不要求是素数，但不同 e 的抗攻击性能力不一样，为安全起见要求选择为素数。根据这个 e 值，可以算出另一个值 $d=103$（d 是私有密钥）满足 $e\times d=1\ \bmod\varphi(r)$，如上 $7\times103=721$ 除以 120 确实余 1。

注：欧几里得算法可以迅速地找出给定的两个整数 a 和 b 的最大公因数 $\gcd(a,b)$，并可判断 a 与 b 是否互素，因此该算法可用来寻找解密密钥。

$$120=7\times17+1$$

$1=120-7\times17\ \bmod\ 120=120-7\times(-120+17)\ \bmod\ 120==120+7\times103\ \bmod\ 120$

(r,e) 这组数公开，(r,d) 这组数保密。

设想需要发送信息 $x=85$。利用 $(r,e)=(143,7)$ 计算出加密值：

$$y=x^e(\bmod\ r)=85^7\ \bmod\ 143=123$$

收到密文 $y=123$ 后，利用 $(r,d)=(143,103)$ 计算明文：

$$x=y^d (\bmod\ r)=123^{103} \bmod 143=85$$

加密信息 x（二进制表示）时，首先把 x 分成等长数据块 $x_1,x_2,\cdots,x_i$，块长 s，其中 $2s \leqslant n$，s 尽可能的大。对应的密文为：

$$y_i=x_i{}^e (\bmod\ r)$$

解密时做如下计算：

$$x_i=y_i{}^d (\bmod\ r)$$

四、算法实现

1. RSA 在工程实现中的难点

RSA 算法中的难点有以下几点：

1）大数的运算

上百位大数之间的运算是实现 RSA 算法的基础，因此程序设计语言本身提供的加减乘除及取模算法都不能使用，否则会产生溢出，必须重新编制算法。在编程中要注意进位和借位，并定义几百位的大数组来存放产生的大数。

2）素数的产生

对于正整数 X，Hadamard 证明，当 X 变得很大时，从 2 到 X 区间的素数数目 $\pi(X)$ 与 $X/\ln(X)$ 的比值趋近于 1，即

$$\lim_{x \to \infty} \frac{\pi(X)}{X/\ln(X)}=1$$

如果在 $2 \sim X$ 之间随机选取一个整数，其为素数的概率大约为 $1/\ln(X)$。对于 1024 位的模数 $r=pq$，p 和 q 将选取为 512 位的素数。一个随机选取的 512 位整数为素数的概率大约为 $1/\ln 2^{512} \approx 1/355$。

目前，适用于 RSA 算法的最实用的素数生成方法是概率测试法。该方法的思想是随机产生一个大奇数，然后测试其是否满足一定的条件，如满足，则该大奇数可能是素数，否则是合数。经过充分多次运行该算法，把合数判断为素数的概率可以降低到任何所期望的值以下，如 Solovay 和 Strassen 的简明素性概率检测法。目前也存在多项式时间的确定性算法来判断一个数是否为素数。

3）高次幂剩余的运算

要计算 $x^e \bmod r$，因 x、e、r 都是大数而不能采用先计算高次幂再求剩余的方法来处理，而要采用平方取模的算法，即每一次平方或相乘后，立即取模运算。设 e 可表示为

$$e=b_k 2^k+b_{k-1} 2^{k-1}+\cdots+b_i 2^i+\cdots+b_2 2^2+b_1 2+b_0，$$

则
$$x^e \bmod r=\prod_{i=0}^{k} (x^{b_i 2^i} \bmod r)=\prod_{i=0}^{k} (x^{2b_i} \bmod r)^{2^{i-1}}$$

2. 核心代码

```
//RSA 算法的 C 程序实现
#include<stdio.h>
int candp(int a,int b,int c) //数据处理函数,实现幂的取余运算
{
    int r=1;
```

```
    b=b+1;
    while(b!=1){
      r=r*a;
      r=r%c;
      b--;
    }
return r;
}
int fun(int x,int y)                    //x 与 y 的互素判断
{
  int t;
  while(y)
  {
      t=x;
      x=y;
      y=t%y;
  }
  if(x==1)
      return 0;                         //x 与 y 互素时返回 0
  else
      return 1;                         //x 与 y 不互素时返回 1
}
void main()
{
    int p,q,e,d,m,n,t,c,r;
    printf("请输入两个素数 p,q:");
    scanf("%d%d",&p,&q);
    n=p*q;
    printf("计算得 n 为%3d\n",n);
    t=(p-1)*(q-1);                      //求 n 的欧拉数
    printf("计算得 t 为%3d\n",t);
    printf("请输入公钥 e:");
    scanf("%d",&e);
    if(e<1||e>t||fun(e,t))
    {
        printf("e 不合要求，请重新输入:"); //当 e<1 或 e>t 或 e 与 t 不互素时，重新输入
        scanf("%d",&e);
    }
    d=1;
    while(((e*d)%t)!=1)
        d++;                            //由公钥 e 求出私钥 d
    printf("经计算 d 为%d\n",d);
    printf("1.加密\n");                  //选择加密或解密
```

```
printf("2. 解密\n");
printf("3. 退出\n");
while(1)
{
printf("选择你执行的操作:");
scanf("%d",&r);
switch(r)
{
    case 1:
    printf("请输入明文 m:");        //输入要加密的明文数字
    scanf("%d",&m);
    c=candp(m,e,n);
    printf("密文为%d\n",c);
    break;
    case 2:
    printf("请输入密文 c:");        //输入要解密的密文数字
    scanf("%d",&c);
    m=candp(c,d,n);
    printf("明文为%d\n",m);
    break;
    case 3:
    return;
    default:
    printf("输入错误，请重新输入:\n");
    }
  }
}
```

3. 实现结果

算法测试结果如图 5-2 所示。

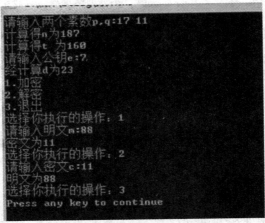

图 5-2 RSA 密码实验结果

5.3 椭圆曲线密码

一、实验目的

熟悉 ECC 加解密算法的构造和运行过程，使用 C++语言编写实现 ECC 算法程序，加深对素数筛选和 ECC 点加法的理解。

二、实验要求

（1）利用 VC++语言实现 ECC 结构定义、参数选择算法。

（2）实现 ECC 加解密算法。

三、实验原理

1. 椭圆曲线

ECC 密码体制是 IEEE 公钥密码标准 P1363 确定的公钥密码算法之一。这里的椭圆曲线是指具有以下形式的三次方程：

$$y^2 + axy + by = x^3 + cx^2 + dx + e$$

其中 a、b、c、d、e 是有限域 F_P 中的元素。定义中包括一个称之为无穷远点的元素，记为 O，椭圆曲线上的加法运算定义如下：如果其上的 3 个点位于同一直线上，那么它们的和为 O，进一步可以定义如下运算律：

（1）O 为加法单位元，即对椭圆曲线上的任意一点 P，有 $P+O=P$。

（2）设 $P_1=(x,y)$ 是椭圆曲线上一点，它的加法逆元定义为 $P_2=-P_1=(x,-y)$。

（3）设 Q 和 R 是椭圆曲线上 x 坐标不同的两点，$Q+R$ 的定义如下：画一条通过 Q、R 的直线，与椭圆曲线交于 P_1（这一交点是唯一的，除非所做的直线是 Q 点或 R 点的切线，此时分别取 $P_1=Q$ 和 $P_1=R$）。由 $Q+R+P_1=O$，得 $Q+R=-P_1$。

（4）点 Q 的倍数定义如下：在 Q 点做椭圆曲线的一条切线，设切线与椭圆曲线交于点 S，定义 $2Q=Q+Q=-S$，类似地，可以定义 $3Q=Q+Q+Q$，等等。

以上定义的加法具有加法运算的一般性质，如交换律、结合律等。

2. 椭圆曲线密码体制

设 $P \in E(F_P)$，点 Q 是 P 的倍数，即存在正整数 x，使 $Q=xP$，则椭圆曲线离散对数问题（ECPLP）是指由给定的 P 和 Q 确定出 x。

系统构造：

选取基域 F_p，椭圆曲线 E，在 E 上选择阶为素数 n 的点 $P(x_p,y_p)$。

公开信息为：基域 F_p、椭圆曲线 E、点 P 及其阶 n。

密钥生成：

用户 Alice 随机选取整数 d，$1<d \leqslant n-1$，计算 $Q=dP$，将点 Q 作为公开密钥，整数 d 作为秘密密钥。

加密与解密：

若要给 Alice 发送秘密信息 M，需执行以下步骤：

（1）将明文 M 表示为域 F_p 中的一个元素 m。

（2）在 $[1, n-1]$ 内随机选择整数 k。

（3）计算点 $(x_1, y_1) = kP$。

（4）计算点 $(x_2, y_2) = kQ$，若 $x_2 = 0$，则重新选择 k。

（5）计算 $c = mx_2$。

（6）将 (x_1, y_1, c) 发送给 Alice。

Alice 收到密文后，利用秘密密钥 d，计算：

$$d(x_1, y_1) = dkP = k(dP) = kQ = (x_2, y_2)$$

3. 明文消息到椭圆曲线上的编码嵌入

在使用椭圆曲线构造密码算法时，需要将明文消息 m 嵌入到椭圆曲线上，作为椭圆曲线上的点参与运算。在实际算法中，k 是一个足够大的整数，使得将明文消息嵌入后，错误概率是 2^{-k}。k 一般可在 $30 \sim 50$ 之间取值。下面以 $k = 30$ 为例，对明文消息 m，计算一系列 x，

$$x = \{mk+j, j = 0, 1, 2, \cdots\} = \{30m, 30m+1, 30m+2, \cdots\}$$

直到 $x^3 + ax + b \pmod{p}$ 是平方根，即得到椭圆曲线上的点 $(x, \sqrt{x^3 + ax + b})$。因为在 $0 \sim p$ 的整数中，有一半是模 p 的平方剩余，另一半是模 p 的非平方剩余。所以 k 次找到 x，使得 $x^3 + ax + b \pmod{p}$ 是平方根的概率不小于 $1 - 2^{-k}$。

从椭圆曲线上的点 (x, y) 得到明文消息 m，只需要求 $m = \left\lfloor \dfrac{x}{30} \right\rfloor$。

四、算法实现

核心代码：

主要声明部分：

```
#include <stdio. h>

#include <string. h>

#include <stdlib. h>

#include <iostream>

#include <time. h>

#define BIT_LEN 800

#define KEY_LONG 128    //私钥比特长

#define P_LONG 200      //有限域 P 比特长

#define EN_LONG 20      //一次取明文字节数(x,20)(y,20)

using namespace std;

//得到 lon 比特长素数

int GetPrime(mp_int * m,int lon);

//得到 B 和 G 点 X 坐标 G 点 Y 坐标

void Get_B_X_Y(mp_int * x1,mp_int * y1,mp_int * b,  mp_int * a,  mp_int * p);

//点乘

bool Ecc_points_mul(mp_int * qx,mp_int * qy, mp_int * px, mp_int * py,mp_int
```

```
                                        * d,mp_int * a,mp_int * p);
    //点加
    int Two_points_add(mp_int * x1,mp_int * y1,mp_int * x2,mp_int * y2,mp_int
    * x3,mp_int * y3,mp_int * a,bool zero,mp_int * p);
    //二进制存储密文
    int chmistore(mp_int * a,FILE * fp);
    //把读取的字符存入 mp_int 型数
    int putin(mp_int * a,char * ch,int chlong);
    //ECC 加密
    void Ecc_encipher(mp_int * qx,mp_int * qy, mp_int
    * px, mp_int * py,mp_int * a,mp_int * p);
    //ECC 解密
    void Ecc_decipher(mp_int * k, mp_int * a,mp_int * p);
    //实现将 mp_int 数 a 中的比特串还原为字符串并赋给字符串 ch:
    int chdraw(mp_int * a,char * ch);
    //取密文
    int miwendraw(mp_int * a,char * ch,int chlong);

    int myrng(unsigned char * dst, int len, void * dat)
    {
        int x;
        for (x = 0; x < len; x++) dst[x] = rand() & 0xFF;
        return len;
    }
```

主函数体：

```
    int main(){
            //cout<<"\n——————————————————————————
————";
        //cout<<"\n          本程序实现椭圆曲线的加密解密"<<endl;
        //cout<<"\n——————————————————————————————
—"<<endl;

        clock_t t_start,t_end;          //统计时间
        mp_int GX;
        mp_int GY;
        mp_int K;//私有密钥
        mp_int A;
        mp_int B;
        mp_int QX;
```

```
mp_int QY；
mp_int P；//F_p 中的 p（有限域 P）
mp_int c1x,c1y；
mp_int c2；
mp_int r；
mp_int tempx,tempy；
mp_int m；//随机待加密明文
mp_int temp1；
mp_int mx；
mp_init(&GX)；
mp_init(&GY)；
mp_init(&K)；
mp_init(&A)；
mp_init(&B)；
mp_init(&QX)；
mp_init(&QY)；
mp_init(&P)；
mp_init(&c1x)；
mp_init(&c1y)；
mp_init(&c2)；
mp_init(&r)；
mp_init(&tempx)；
mp_init(&tempy)；
mp_init(&m)；
mp_init(&temp1)；
mp_init(&mx)；
//GetPrime(&m,100)；//16 位明文
time_t t；
srand( (unsigned) time( &t ) )；
printf("原始 ECC 公钥加密方案！\n")；
printf("椭圆曲线的参数如下(以十进制显示):\n")；
GetPrime(&P,P_LONG)；//获取素数 P，存入 P 中，长度为 P_LONG
printf("有限域 P 是:\n")；
char temp[800]={0}；
mp_toradix(&P,temp,10)；//将素数 P 存入 temp 中
printf("%s\n",temp)；//对素数 P 进行输出
GetPrime(&A,30)；
char tempA[800]={0}；
printf("曲线参数 A 是:\n")；
```

```
mp_toradix(&A,tempA,10);
printf("%s\n",tempA);
Get_B_X_Y(&GX,&GY,&B,&A,&P);


char tempB[800]={0};
printf("曲线参数 B 是:\n");
mp_toradix(&B,tempB,10);
printf("%s\n",tempB);
char tempGX[800]={0};
printf("曲线 G 点 X 坐标是:\n");
mp_toradix(&GX,tempGX,10);
printf("%s\n",tempGX);
char tempGY[800]={0};
printf("曲线 G 点 Y 坐标是:\n");
mp_toradix(&GY,tempGY,10);
printf("%s\n",tempGY);
//————————————————————————
GetPrime(&K,KEY_LONG);
char tempK[800]={0};
printf("私钥 dB 是:\n");
mp_toradix(&K,tempK,10);
printf("%s\n",tempK);


Ecc_points_mul(&QX,&QY,&GX,&GY,&K,&A,&P);
char tempQX[800]={0};
printf("公钥 X 坐标是:\n");
mp_toradix(&QX,tempQX,10);
printf("%s\n",tempQX);
char tempQY[800]={0};
printf("公钥 Y 坐标是:\n");
mp_toradix(&QY,tempQY,10);
printf("%s\n",tempQY);
FILE * fp, * fq;
char fin_name[40],fout1_name[40],fout2_name[40];
printf("请输入待加密文件(例如：D:\\test. txt)：");
cin>>fin_name;
cout<<"请输入密文存放文件(例如：D:\\test 密文. txt)：";
cin>>fout1_name;
t_start=clock();
```

```
        printf("\n\n\n 开始加密明文...    \n\n\n");

        if((fp=fopen(fin_name,"rb"))==NULL)
        {
            printf("can not open the file!");
            exit(1);
        }
        fq=fopen(fout1_name,"wb+");

        char c[20000],miwen[280]={0};
        int len;
        len=fread(&c,1,10005,fp);
        len=len/EN_LONG;
        rewind(fp);
        int i;
        for(i=0;i<len;i++)
        {
            GetPrime(&r,100);
            fread(miwen,1,EN_LONG,fp);
            miwen[EN_LONG]=char(255);
            putin(&m,miwen,EN_LONG+1);
            //mp_toradix(&m,miwen,10);
            //cout<<"加密的字符串为: "<<miwen<<endl;
            Ecc_points_mul(&c1x,&c1y,&GX,&GY,&r,&A,&P);//加密 C1=[r]G, r 为选
                                                取的随机数
            Ecc_points_mul(&tempx,&tempy,&QX,&QY,&r,&A,&P); //计算临时变量[r]
                                                Q, r 为选取的随机数, Q 点为加密的公钥
            mp_mulmod(&m,&tempx,&P,&c2);
            chmistore(&c1x,fq);
            chmistore(&c1y,fq);
            chmistore(&c2,fq);
        }
        fclose(fp);
        fclose(fq);
        cout<<"加密结束! "<<endl;
        t_end=clock();
        cout<<"加密运行时间(单位: ms):"<<t_end-t_start<<endl;
        cout<<"请输入密文存放文件(例如: D:\\test 密文.txt): ";
        cin>>fout1_name;
```

```
cout<<"请输人解密后明文存放文件(例如：D:\\test 解密后明文.txt)：";
cin>>fout2_name;
t_start=clock();
printf("\n\n\n 开始解密密文...    \n\n\n");

if((fp=fopen(fout1_name,"rb"))==NULL)
{
    printf("can not open the file!");
    exit(1);
}
fq=fopen(fout2_name,"wb+");
char stemp[700]={0};
mp_int tempzero;
mp_init(&tempzero);
while(! feof(fp))
{
    i=0;
    while(1)
    {
        stemp[i]=fgetc(fp);
        if(i%4==0)
        {
            if(int(stemp[i]&0xFF) == 255 ) goto L1;
        }
        i++;
    }
}


L1:    miwendraw(&c1x, stemp, i);
    i=0;
    while(1)
    {
        stemp[i]=fgetc(fp);
        if(i%4==0)
        {
            if(int(stemp[i]&0xFF) == 255 ) goto L2;
        }
        i++;
    }
```

```
L2：       miwendraw(&c1y，stemp，i)；
           i=0；
           while(1)
           {
                 stemp[i]=fgetc(fp)；
                 if(i%4==0)
                 {
                       if(int(stemp[i]&0xFF) == 255 ) goto L3；
                 }
                 i++；

           }


L3：       miwendraw(&c2，stemp，i)；
           mp_zero(&tempzero)；
           if(mp_cmp(&c1x，&tempzero)==0) break；
           Ecc_points_mul(&tempx，&tempy，&c1x，&c1y，&K，&A，&P)；
           mp_invmod(&tempx，&P，&temp1)；
           mp_mulmod(&temp1，&c2，&P，&m)；
           //mp_toradix(&m，miwen，10)；
           //cout<<"解密后的的字符串为："<<miwen<<endl；
           int chtem；
           chtem=chdraw(&m,stemp)；        //从 m 中取出字符串
           //保存解密结果
           for(int kk=0;kk<chtem;kk++)
           {
                 fprintf(fq,"%c",stemp[kk])；

           }
      }
           fclose(fp)；
      fclose(fq)；
      cout<<"解密结束！"<<endl；
      t_end=clock()；
      cout<<"运行时间(单位：ms)："<<t_end-t_start<<endl；
      char cc；
      cout<<"\n\n 按任意键退出！\n"；
      cin>>cc；
      mp_clear(&m)；
      mp_clear(&GX)；
      mp_clear(&GY)；
```

```
        mp_clear(&K);//私有密钥

        mp_clear(&A);

        mp_clear(&B);

        mp_clear(&QX);

        mp_clear(&QY);

        mp_clear(&P);//Fp 中的 p(有限域 P)

        mp_clear(&tempzero);

        return 0;

    }
```

定义椭圆曲线的加法：

```
    //两点加

    int Two_points_add(mp_int * x1,mp_int * y1,mp_int * x2,mp_int * y2,mp_int * x3,mp_
    int * y3,mp_int * a,bool zero,mp_int * p)

    {

        mp_int x2x1;

        mp_int y2y1;

        mp_int tempk;

        mp_int tempy;

        mp_int tempzero;

        mp_int k;

        mp_int temp1;

        mp_int temp2;

        mp_int temp3;

        mp_int temp4;

        mp_int temp5;

        mp_int temp6;

        mp_int temp7;

        mp_int temp8;

        mp_int temp9;

        mp_int temp10;

        mp_init(&x2x1);

        mp_init(&y2y1);

        mp_init(&tempk);

        mp_init(&tempy);

        mp_init(&tempzero);

        mp_init(&k);

        mp_init(&temp1);

        mp_init(&temp2);

        mp_init_set(&temp3,2);
```

```
    mp_init(&temp4);
    mp_init(&temp5);
    mp_init(&temp6);
    mp_init(&temp7);
    mp_init(&temp8);
    mp_init(&temp9);
    mp_init(&temp10);
    if(zero)
    {
        mp_copy(x1, x3);
        mp_copy(y1, y3);
        zero=false;
        goto L;
    }
    mp_zero(&tempzero);
    mp_sub(x2, x1, &x2x1);
    if(mp_cmp(&x2x1,&tempzero)==-1)
    {
        mp_add(&x2x1, p, &temp1);
        mp_zero(&x2x1);
        mp_copy(&temp1, &x2x1);
    }
    mp_sub(y2, y1, &y2y1);
    if(mp_cmp(&y2y1,&tempzero)==-1)
    {
        mp_add(&y2y1, p, &temp2);
        mp_zero(&y2y1);
        mp_copy(&temp2, &y2y1);
    }
    if(mp_cmp(&x2x1, &tempzero)! =0)
    {

        mp_invmod(&x2x1,p,&tempk);

        mp_mulmod(&y2y1, &tempk, p, &k);
    }
    else
    {
        if(mp_cmp(&y2y1, &tempzero)==0)
        {
```

```
        mp_mulmod(&temp3,y1,p,&tempy);
            mp_invmod(&tempy,p,&tempk);
            mp_sqr(x1, &temp4);
        mp_mul_d(&temp4, 3, &temp5);
        mp_add(&temp5, a, &temp6);
            mp_mulmod(&temp6, &tempk, p, &k);

    }
    else
    {
        zero＝true;
        goto L;
    }
}
mp_sqr(&k, &temp7);
mp_sub(&temp7, x1, &temp8);
mp_submod(&temp8, x2, p, x3);

mp_sub(x1, x3, &temp9);
mp_mul(&temp9, &k, &temp10);
mp_submod(&temp10, y1, p, y3);
L:
mp_clear(&x2x1);
mp_clear(&y2y1);
mp_clear(&tempk);
mp_clear(&tempy);
mp_clear(&tempzero);
mp_clear(&k);
mp_clear(&temp1);
mp_clear(&temp2);
mp_clear(&temp3);
mp_clear(&temp4);
mp_clear(&temp5);
mp_clear(&temp6);
mp_clear(&temp7);
mp_clear(&temp8);
mp_clear(&temp9);
mp_clear(&temp10);
return 1;
}
```

五、实验结果

椭圆曲线密码对文件加解密的结果及速度测试如图 5-3 所示。

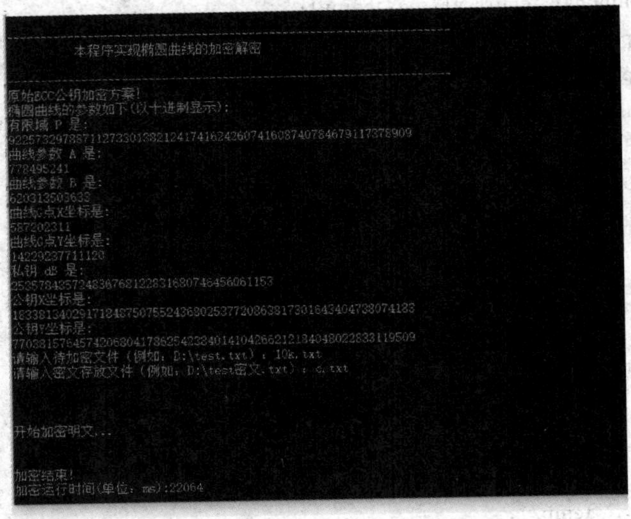

图 5-3 椭圆曲线密码的加解密实验结果

5.4 ElGamal 加密体制

一、实验目的

熟悉 ElGamal 加解密算法的构造和运行过程,使用 C++语言编写实现 ElGamal 算法程序,加深对离散对数问题的理解。

二、实验要求

(1) 利用 VC++语言实现 ElGamal 结构定义、参数选择算法。

(2) 实现 ElGamal 加解密算法。

三、实验原理

ElGamal 加密算法是一种非对称加密算法,基于 Diffie-Hellman 密钥交换算法,由 Taher Elgamal 在 1985 年提出。

ElGamal 加密算法可以应用在任意一个循环群(Cyclic Group)上。在群中有的运算求解很困难,这些运算通常与求解离散对数(Discrete Iogarithm)相关,求解的困难程度决定了算法的安全性。其中涉及以下几个重要的数学定义。

群(Group)的定义:

群是数学中的概念。一些元素组成的集合,如果元素满足以下条件,则把这些元素组成的集合叫做群:在元素上可以定义一个 2 元运算,运算满足封闭性、结合律、单位元和逆元。

群的例子:

(1) 封闭性:$a+b$ 之后仍然是整数。

（2）结合率：$(a+b)+c=a+(b+c)$。

（3）单位元：$0+a=a+0=a$，则整数 0 为加法的单位元。

（4）逆元：$a+b=b+a=0$，则整数 b 叫做整数 a 的逆元。

所有整数构成一个群，如果定义的 2 元运算为整数加法的话。加法可以满足上述条件。所以可以简单地将群理解为一些元素的集合加上一个选定的运算方式。

循环群的定义：

循环群中的所有其他元素都是由某个元素 g 使用不同次数的选定运算方式计算出来的。在乘法符号下，群的元素是：$\cdots,a^{-3},a^{-2},a^{-1},a^{0}=e,a,a^{2},a^{3},\cdots$，元素 a 叫做这个群的生成元或本原元。

模 n 下 a 的阶 $m=\varphi(n)$，m 就是 n 的本原元，如 3 是 19 的本原元，19 为素数，因此 $\varphi(19)=18$，模 19 下 3 生成的群为：[1，3，9，27，81，243，729，2187，6561，19683，59049，177147，531441,1594323，4782969,14348907，43046721，129140163，387420489，1162261467，3486784401L,10460353203L，1381059609L，94143178827L，$\cdots$]，用模 19 来表示[1，3，9，8，5，15，7，2，6，18，16，10，11，14，4，12，17，13，1，3，9L，8L，5L，15L]，循环为 1，3，9，8，5，15，7，2，6，18，16，10，11，14，4，12，17，13，因此该循环群阶为 18，与欧拉函数结果相等。

公钥生成：

（1）选取一个循环群 G，且循环群 G 的阶数为 q。

（2）选择一个随机数 x，$1<x<q-1$。

（3）计算 $h=g^{x} \bmod q$。

h 和 g，G，q 就构成公钥；x 是保密的，x 与 h，g，G，q 一起构成密钥。

公钥加密：

（1）选取一个随机数 y，$1<y<q-1$。

（2）计算 $c_1=g^{y} \bmod q$。

（3）计算 $s=h^{y}=(g^{x})^{y}=g^{(x*y)} \bmod q$。

（4）加密数字 m 得 $c_2=m*s \bmod q$。

c_1、c_2 构成加密结果，交给私钥解密。

私钥解密：

（1）通过 c_1 计算得到 $s=c_1^{x}=(g^{y})^{x}=g^{(x*y)}(\bmod q)$。

（2）计算 $c_2*(s^{-1})=(m*s)*(s^{-1})(\bmod q)$，得到明文数字 m。

注意以上的运算不再是普通的整数乘法和乘幂运算，而是有循环群 G 对应的运算衍生出来的运算。但这些运算的意义和规律还是和普通数字运算的规律一样的，所以上面的等式仍然成立。

由上面看出 s 的计算过程和 Diffie-Hellman 密钥交换算法类似。

在应用中通常使用的循环群 G 为整数模 n 乘法群（Multiplicative group of integers modulo n）。

四、算法实现

1. 核心代码

```
#include<iostream>
using namespace std;
int modmi(int x,int r,int n){
    int a=x,b=r,c=1;
    while(b!=0){
        if(b%2==0){
            b=b>>1;
            a=(a*a)%n;
        }
        else{
            b=b-1;
            c=(c*a)%n;
        }
    }
    return c;
}
void gcd1(int a,int b,int &a1){
    a1=1;
    int n1=a;int n2=b;int a2=0;int b2=1;int b1=0;
    int q,r,t;
    q=n1/n2;
    r=n1-q*n2;
    while(r!=0){
        q=n1/n2;
        r=n1-q*n2;
        n1=n2;
        n2=r;
        t=a2;
        a2=a1-q*a2;
        a1=t;
        t=b2;
        b2=b1-q*b2;
        b1=t;
    }
    a1=(a1+5*b)%b;
}
int main(){
    int m,p,a,d,k,m1;
    int c1,c2,c,b,c11;
```

```
        cout<<"请输入明文 m：";
        cin>>m;
        cout<<"请输入素数 p：";
        cin>>p;
        cout<<"请输入素数 a：";
        cin>>a;
        cout<<"请输入随机整数 d：";
        cin>>d;
        cout<<"请输入秘密随机整数 k：";
        cin>>k;
        c1＝modmi(a,k,p);
        b＝modmi(a,d,p);
        c2＝(m％p*modmi(b,k,p))％p;
        cout<<"c=("<<c1<<","<<c2<<")"<<endl;
        gcd1(modmi(c1,d,p),p,c11);
        m1＝(c2*c11)％p;
        cout<<"验证得明文为："<<m1<<endl;
        return 0;
    }
```

2. 实验结果

程序运行结果如图 5－4 所示。

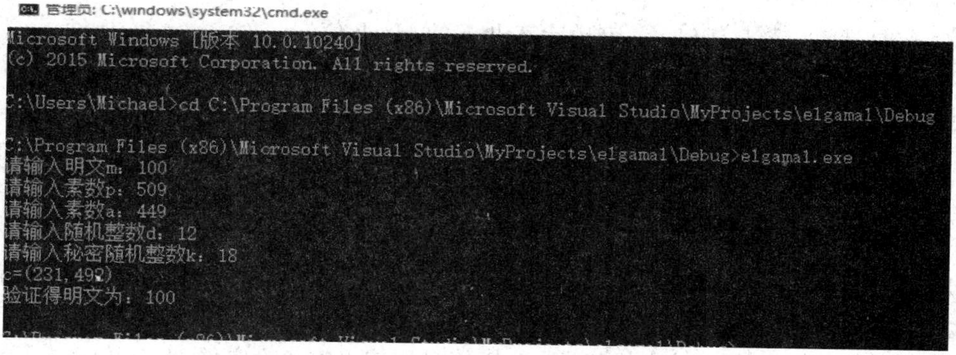

图 5－4　ElGamal 密码的加密解密实验结果

实验六 散列函数

6.1 散列函数概述

在信息系统中，散列算法可以将任意长度的消息映射到固定长度空间中，因此被大量应用在密码算法设计和安全协议设计中，设计安全的散列算法具有十分重要的意义。

6.1.1 Hash 函数和消息完整性

Hash 函数也称为杂凑函数或散列函数，其输入为一可变长度串 x，返回一固定长度串，该串被称为输入 x 的 Hash 值，形象的说法是数字指纹。因为 Hash 函数是多对一函数，所以一定要将某些不同的输入变化成相同的输出，这就要求给定一个 Hash 值求其逆比较难，但通过给定的输入计算 Hash 值必须是很容易的，因此也称 Hash 函数为单向 Hash 函数。

Hash 函数一般满足以下几个基本需求：

(1) 输入 x 可以为任意长度。

(2) 输出数据长度固定。

(3) 容易计算，给定任何 x，容易计算出 x 的 Hash 值。

(4) 为单向函数，即给出一个 Hash 值，很难反向计算出原始输入的 x。

(5) 具有唯一性，即难以找出两个不同的输入会得到相同的 Hash 输出值。

一个安全的单向迭代函数是构造安全消息 Hash 值的核心和基础，有了好的单向迭代函数，就可以用合适的迭代方法来构造迭代 Hash 函数。Hash 函数的安全设计理论主要有以下两点：一是函数的单向性；二是函数影射的随机性。

Hash 值的长度由算法的类型决定，与输入的消息大小无关，一般为 128 比特或者 160 比特，即使两个消息的差别很小，如仅差别一两位，其 Hash 函数的运算结果也会截然不同，用同一个算法对某一消息进行 Hash 运算只能获得唯一确定的 Hash 值。

6.1.2 常见的 Hash 函数

现在常用的几种 Hash 算法有 MD 系列、SHA 系列等，主要包括 MD4、MD5、SHA – 1、SHA – 256、SHA – 3 等，根据实际应用效果，本节侧重于实现 SHA 算法。

SHA(Security Hash Algorithm)是美国 NIST 和 NSA 设计的一种标准 Hash 算法。SHA 用于数字签名标准算法的 DSS 中，是安全性很高的一种 Hash 算法。该算法的输入消息长度小于 2^{64} 比特，最终输出的结果值是 160 比特。与 MD5 相比较而言，SHA 主要增加了扩展变换，将前一轮的输出也加到了下一轮运算中，这样增加了雪崩效应，而且由于其增加的输出宽度，对穷举攻击更具有抵抗性。1993 年 NIST 发布正式名称为 SHA 的家族第一个成员，经过两年的攻击测试之后，SHA – 1 成为第一个广泛应用的 SHA 系列摘要算法。随着时间推移和实践应用的检验，SHA-1 已经不再足够安全，2001 年和 2004 年的 FIPS PUB 180-2 草稿中重新发布了"SHA-224"、"SHA-256"、"SHA-384"和 "SHA-512"变长的摘要算法，统称为 SHA-2。2012 年 10 月，美国 NIST 从四个候选算法中选择了 Keccak 算法作为 SHA-3 的标准算法，Keccak 拥有良好的加密性能以及抗解密能力，成为最新的 SHA 系列算法的标准。

6.2　SHA-1

一、实验目的

熟悉 SHA-1 算法的运行过程，能够使用 C++语言编写实现 SHA-1 算法程序，增加对摘要函数的理解。

二、实验要求

（1）理解 SHA-1 轮函数的定义和工作过程。

（2）利用 VC++语言实现 SHA-1 算法。

（3）分析 SHA-1 算法运行的性能。

三、实验原理

SHA-1 对任意长度明文的分组预处理完后的明文长度是 512 位的整数倍，值得注意的是，SHA-1 的原始报文长度不能超过 2 的 64 次方，然后 SHA-1 生成 160 位的报文摘要。SHA-1 算法简单且紧凑，容易在计算机上实现。图 6-1 所示为 SHA-1 对单个 512 位分组的处理过程。

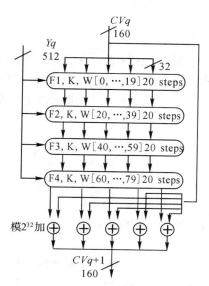

图 6-1　SHA-1 对单个 512 位分组的处理过程

四、算法实现

1. 实验环境

普通计算机 Intel i5 3470@3.2GHz，4GB RAM，Windows 7 Professional Edition，VS 13 平台。

2. 算法实现步骤

1）将消息摘要转换成位字符串

因为在 SHA－1 算法中，它的输入必须为位，所以首先要将其转化为位字符串。以 "abc" 字符串来说明问题，因为 $'a'=97$，$'b'=98$，$'c'=99$，所以将其转换为位串后为

01100001 01100010 01100011

2）对转换后的位字符串进行补位操作

SHA－1 算法标准规定，必须对消息摘要进行补位操作，即将输入的数据进行填充，使得数据长度对 512 求余的结果为 448，填充比特位的最高位补一个 1，其余位补 0，如果在补位之前已经满足对 512 取模余数为 448，则要进行补位，在其后补一位 1。总之，补位是至少补一位，最多补 512 位。依然以 "abc" 为例，其补位过程如下：

初始的信息摘要：01100001 01100010 01100011

第一步补位：　　01100001 01100010 01100011 1

……

最后一位补位：　01100001 01100010 01100011 10…0（后面补了 423 个 0）

之后将补位操作后的信息摘要转换为十六进制：

61626380 00000000 00000000 00000000

00000000 00000000 00000000 00000000

00000000 00000000 00000000 00000000

00000000 00000000

3）附加长度值

在信息摘要后面附加 64 比特的信息，用来表示原始信息摘要的长度，在这步操作之后，信息报文便是 512 比特的倍数。通常来说用一个 64 位的数据表示原始消息的长度，如果消息长度不大于 2^{64}，那么前 32 比特就为 0，在进行附加长度值操作后，其 "abc" 数据报文即变成如下形式：

61626380 00000000 00000000 00000000

00000000 00000000 00000000 00000000

00000000 00000000 00000000 00000000

00000000 00000000 00000000 00000018

因为 "abc" 占 3 个字节，即 24 位，所以换算为十六进制后为 0x18。

4）初始化缓存

一个 160 位 MD 缓冲区用以保存中间和最终散列函数的结果。它可以表示为 5 个 32 位的寄存器（H0，H1，H2，H3，H4）。初始化如下：

H0 = 0x67452301

H1 = 0xEFCDAB89

H2 = 0x98BADCFE

H3 = 0x10325476

H4 = 0xC3D2E1F0

如果大家对 MD – 5 不陌生的话，会发现一个重要的现象，其前四个与 MD – 5 一样，但不同之处是存储为 Big – Endien Format。

5）计算消息摘要

在计算报文之前还要做一些基本的工作，即定义计算过程中要用到的方法或常量。

（1）循环左移操作符 $S_n(x)$，x 是一个字，也就是 32 比特大小的变量，n 是一个整数且 $0 \leq n \leq 32$。$S_n(x) = (x \ll n) OR (x \gg 32 - n)$。

（2）在程序中所要用到的常量 k0，k1，…，k79，将其以十六进制表示如下：

$k_t = 0x5a827999 \quad (0 \leq t \leq 19)$

$k_t = 0x6ed9eba1 \quad (20 \leq t \leq 39)$

$k_t = 0x8f1bbcdc \quad (40 \leq t \leq 59)$

$k_t = 0xca62c1d6 \quad (60 \leq t \leq 79)$

（3）所要用到的一系列函数：

$f_t = ((B\&C) | ((\sim B)\&D)) \quad (0 \leq t \leq 19)$

$f_t = (B\char`^C\char`^D) \quad (20 \leq t \leq 39)$

$f_t = ((B\&C) | (B\&D) | (C\&D)) \quad (40 \leq t \leq 59)$

$f_t = (B\char`^C\char`^D) \quad (60 \leq t \leq 79)$

（4）计算。

计算需要一个缓冲区，由 5 个 32 位的字组成，还需要 80 个 32 位字的缓冲区。5 个字的缓冲区被标识为 A，B，C，D，E。80 个字的缓冲区被标识为 w[0]，w[1]，w[2]，…，w[79]，另外还需要一个 1 个字的 temp 缓冲区。

为了产生消息摘要，在第四部分中定义的 16 个字的数据块 M_1，M_2，…，M_n 会依次进行处理，处理每个数据块 M_i 包含 80 个步骤。

现在开始处理 M_1，M_2，…，M_n。为了处理 M_i，需要进行下面的步骤：

① 将 M_i 分成 16 个字 w[0]，w[1]，w[2]，…，w[15]，w[0] 是最左边的字。

② 对于 t＝16～79，令 w[t]＝w[i−16]w[i−14]w[i−8]w[i−3]。

③ 令 A＝H0，B＝H1，C＝H2，D＝H3，E＝H4。

④ 对于 t＝0～79，执行下面的循环：

temp＝temp1｜temp2＋ f＋E＋w[i]＋k；

E＝D；D＝C；C＝temp1｜temp2；B＝A；A＝temp；

⑤ 令 H0＝H0＋A，H1＝H1＋B，H2＝H2＋C，H3＝H3＋D，H4＝H4＋E。

在处理完所有的 Mn 后，消息摘要是一个 160 位的字符串，以下面的顺序标识：

H0 H1 H2 H3 H4

3. 核心代码

```
// SHA1.cpp : 定义控制台应用程序的入口点
//
#include "stdafx.h"
```

```
# include<stdio. h>
# include <string. h>
# include <conio. h>
# include <wtypes. h>
void creat_w(unsigned char input[64],unsigned long w[80])
{
    int i,j;unsigned long temp,temp1;
    for(i=0;i<16;i++)
    {
        j=4 * i;
        w[i]=((long)input[j])<<24|((long)input[1+j])<<16|((long)input[2+j])<<
            8|((long)input[3+j])<<0;


    }
    for(i=16;i<80;i++)
    {
        w[i]=w[i-16]^w[i-14]^w[i-8]^w[i-3];
        temp=w[i]<<1;
        temp1=w[i]>>31;
        w[i]=temp|temp1;
    }
}
char ms_len(long a,char intput[64])
{
        unsigned long temp3,p1;   int i,j;
        temp3=0;
        p1=~(~temp3<<8);
        for(i=0;i<4;i++)
        {
            j=8 * i;
            intput[63-i]=(char)((a&(p1<<j))>>j);


        }
        return '0';
}
int _tmain(int argc, _TCHAR * argv[])//主函数入口
{
        unsigned long H0=0x67452301,H1=0xefcdab89,H2=0x98badcfe,H3=0x10325476,
H4=0xc3d2e1f0;
        unsigned long A,B,C,D,E,temp,temp1,temp2,temp3,k,f;int i,flag;unsigned long w[80];
```

```
unsigned char input[64]; long x;int n;
printf("input message:\n");
scanf("%s",input);
n=strlen((LPSTR)input);
if(n<57)
{
    x=n*8;
    ms_len(x,(char*)input);
    if(n==56)
        for(i=n;i<60;i++)
        input[i]=0;
    else
    {
        input[n]=128;
        for(i=n+1;i<60;i++)
        input[i]=0;
    }
}


creat_w(input,w);
/* for(i=0;i<80;i++)
printf("%lx,",w[i]); */
printf("\n");
A=H0;B=H1;C=H2;D=H3;E=H4;
for(i=0;i<80;i++)
{
    flag=i/20;
    switch(flag)
    {
        case 0: k=0x5a827999;f=(B&C)|(~B&D);break;
        case 1: k=0x6ed9eba1;f=B^C^D;break;
        case 2: k=0x8f1bbcdc;f=(B&C)|(B&D)|(C&D);break;
        case 3: k=0xca62c1d6;f=B^C^D;break;
    }
    /* printf("%lx,%lx\n",k,f); */
    temp1=A<<5;
    temp2=A>>27;
    temp3=temp1|temp2;
    temp=temp3+f+E+w[i]+k;
    E=D;
```

```
        D=C；

        temp1=B<<30；
        temp2=B>>2；
        C=temp1|temp2；
        B=A；
        A=temp；

        //printf("%lx,%lx,%lx,%lx,%lx\n",A,B,C,D,E)；//输出编码过程
    }
    H0=H0+A；
    H1=H1+B；
    H2=H2+C；
    H3=H3+D；
    H4=H4+E；
    printf("\noutput hash value:\n")；
    printf("%lx%lx%lx%lx%lx",H0,H1,H2,H3,H4)；
    getch()；
}
```

五、实验结果

SHA-1 批量产生摘要及耗时测试如图 6-2 所示。

图 6-2　SHA-1 算法运行结果

6.3 SHA-2

一、实验目的

熟悉 SHA-2 算法的运行过程，能够使用 C++语言编写实现 SHA-2 算法程序，增加对摘要函数性能的了解。

二、实验要求

（1）理解 SHA-2 轮函数的定义和常量的定义。

（2）利用 VC++语言实现 SHA-2 算法。

（3）分析 SHA-2 算法运行的性能。

三、实验原理

SHA-2 包含 SHA-256、SHA-384、SHA-512。

四、算法实现

1. 实现环境

普通计算机 Intel i5 3470@3.2GHz，4GB RAM，Windows 7 Professional Edition，VS 13 平台。

2. 算法工作流程

SHA-256 算法输入报文的最大长度不超过 2^{64} 比特，输入按 512 比特分组进行处理，产生的输出是一个 256 比特的报文摘要。该算法处理包括以下几步：

（1）附加填充比特。对报文进行填充使报文长度与 448 模 512 同余（长度＝448 mod 512），填充的比特数范围是 1～512，填充比特串的最高位为 1，其余位为 0。

（2）附加长度值。将用 64 比特表示的初始报文（填充前）的位长度附加在步骤 1 的结果后（低位字节优先）。

（3）初始化缓存。使用一个 256 比特的缓存来存放该散列函数的中间及最终结果。该缓存表示为 A＝0x6A09E667，B＝0xBB67AE85，C＝0x3C6EF372，D＝0xA54FF53A，E＝0x510E527F，F＝0x9B05688C，G＝0x1F83D9AB，H＝0x5BE0CD19。

（4）处理 512 比特（16 个字）报文分组序列。该算法使用了六种基本逻辑函数，由 64 步迭代运算组成。每步都以 256 比特缓存值 ABCDEFGH 为输入，然后更新缓存内容。每步使用一个 32 比特常数值 Kt 和一个 32 比特 Wt。

3. 核心代码

```
//SHA-256.h,定义相关数据结构
#ifndef _SHA_256_H
#define _SHA_256_H
#include<iostream>
using namespace std;
```

```
typedef unsigned int UInt32;
//六个逻辑函数
#define Conditional(x,y,z) ((x&y)^((~x)&z))
#define Majority(x,y,z) ((x&y)^(x&z)^(y&z))
#define LSigma_0(x) (ROTL(x,30)^ROTL(x,19)^ROTL(x,10))
#define LSigma_1(x) (ROTL(x,26)^ROTL(x,21)^ROTL(x,7))
#define SSigma_0(x) (ROTL(x,25)^ROTL(x,14)^SHR(x,3))
#define SSigma_1(x) (ROTL(x,15)^ROTL(x,13)^SHR(x,10))
//信息摘要结构
struct Message_Digest{
    UInt32 H[8];
};
//SHA256 类
class SHA256
{
public：
    SHA256(){INIT();};
    ~SHA256(){};
    Message_Digest DEAL(UInt32 W[16]);//处理 512 比特数据，返回信息摘要
private：
    void INIT();                        //初始杂凑值
    UInt32 ROTR(UInt32 W,int n);        //右旋转
    UInt32 ROTL(UInt32 W,int n);        //左旋转
    UInt32 SHR(UInt32 W,int n);         //右移位
private：
    //信息摘要
    Message_Digest MD;
};

#endif
//SHA - 256.cpp
#include"SHA—256.h"
//64 个 32 比特字的常数(前 64 个素数的立方根的小数部分的前 32 位)
const UInt32 K[64] = {
        0x428a2f98, 0x71374491, 0xb5c0fbcf, 0xe9b5dba5, 0x3956c25b, 0x59f111f1,
        0x923f82a4, 0xab1c5ed5, 0xd807aa98, 0x12835b01, 0x243185be, 0x550c7dc3,
        0x72be5d74, 0x80deb1fe, 0x9bdc06a7, 0xc19bf174, 0xe49b69c1, 0xefbe4786,
        0x0fc19dc6, 0x240ca1cc, 0x2de92c6f, 0x4a7484aa, 0x5cb0a9dc, 0x76f988da,
        0x983e5152, 0xa831c66d, 0xb00327c8, 0xbf597fc7, 0xc6e00bf3, 0xd5a79147,
        0x06ca6351, 0x14292967, 0x27b70a85, 0x2e1b2138, 0x4d2c6dfc, 0x53380d13,
```

```
        0x650a7354，0x766a0abb，0x81c2c92e，0x92722c85，0xa2bfe8a1，0xa81a664b，
        0xc24b8b70，0xc76c51a3，0xd192e819，0xd6990624，0xf40e3585，0x106aa070，
        0x19a4c116，0x1e376c08，0x2748774c，0x34b0bcb5，0x391c0cb3，0x4ed8aa4a，
        0x5b9cca4f，0x682e6ff3，0x748f82ee，0x78a5636f，0x84c87814，0x8cc70208，
        0x90befffa，0xa4506ceb，0xbef9a3f7，0xc67178f2，
};
```

//初始化杂凑值(前 8 个素数的平方根的小数部分的前 32 位)
```
void SHA256::INIT(){
        MD. H[0] = 0x6a09e667；
        MD. H[1] = 0xbb67ae85；
        MD. H[2] = 0x3c6ef372；
        MD. H[3] = 0xa54ff53a；
        MD. H[4] = 0x510e527f；
        MD. H[5] = 0x9b05688c；
        MD. H[6] = 0x1f83d9ab；
        MD. H[7] = 0x5be0cd19；
}
```

//处理 512 比特数据，返回信息摘要
```
Message_Digest SHA256::DEAL(UInt32 M[16]){
        int i；
        UInt32 T1=0,T2=0；
        UInt32 W[64]={0}；
        UInt32 A=0,B=0,C=0,D=0,E=0,F=0,G=0,H=0；
        for(i=0；i<16；i++){
                W[i] = M[i]；
        }
        for(i=16；i<64；i++){
                W[i] = SSigma_1(W[i-2])+W[i-7]+SSigma_0(W[i-15])+W[i-16]；
        }
        A = MD. H[0]；
        B = MD. H[1]；
        C = MD. H[2]；
        D = MD. H[3]；
        E = MD. H[4]；
        F = MD. H[5]；
        G = MD. H[6]；
        H = MD. H[7]；
        cout<<"初始:"；
        cout<<hex<<A<<" "<<B<<" "<<C<<" "<<D<<" "<<E<<" "<
<F<<" "<<G<<" "<<H<<endl；
```

```
    for(i=0;i<64;i++){
        T1 = H + LSigma_1(E) + Conditional(E, F, G) + K[i] + W[i];
        T2 = LSigma_0(A) + Majority(A, B, C);
        H = G;
        G = F;
        F = E;
        E = D + T1;
        D = C;
        C = B;
        B = A;
        A = T1 + T2;
        cout<<dec<<i<<":";
        cout<<hex<<A<<" "<<B<<" "<<C<<" "<<D<<" "<<E<<"
"<<F<<" "<<G<<" "<<H<<endl;
    }
    MD.H[0]=(MD.H[0]+A) & 0xFFFFFFFF;
    MD.H[1]=(MD.H[1]+B) & 0xFFFFFFFF;
    MD.H[2]=(MD.H[2]+C) & 0xFFFFFFFF;
    MD.H[3]=(MD.H[3]+D) & 0xFFFFFFFF;
    MD.H[4]=(MD.H[4]+E) & 0xFFFFFFFF;
    MD.H[5]=(MD.H[5]+F) & 0xFFFFFFFF;
    MD.H[6]=(MD.H[6]+G) & 0xFFFFFFFF;
    MD.H[7]=(MD.H[7]+H) & 0xFFFFFFFF;
    return MD;
}
//右旋转
UInt32 SHA256::ROTR(UInt32 W,int n){
    return ((W >> n) & 0xFFFFFFFF) | (W) << (32-(n));
}
//左旋转
UInt32 SHA256::ROTL(UInt32 W,int n){
    return ((W << n) & 0xFFFFFFFF) | (W) >> (32-(n));
}
//右移位
UInt32 SHA256::SHR(UInt32 W,int n){
    return ((W >> n) & 0xFFFFFFFF);
}
##########################################
####
#include<iostream>
```

```
#include"SHA-256.h"

typedef unsigned int UInt32;
typedef unsigned __int64 UInt64;
typedef unsigned char UChar;
#define Max 1000//最大字符数
SHA256 sha256=SHA256();
Message_Digest M_D;
UInt32 W[Max/4];//整型
UInt32 M[16];    //存分组信息
//压缩+显示
void compress(){
    int i;
    M_D = sha256.DEAL(M);
    cout<<"哈希值：";
    for(i=0;i<8;i++){
        cout<<hex<<M_D.H[i]<<" ";
    }
    cout<<endl;
}
//添加填充位+添加长度
void PAD(UChar Y[Max]){
    //x+1+d+l=|x|
    UInt32 i,j;
    UInt32 T1=0,T2=0,T3=0,T4=0;
    UChar temp[Max]={0};
    UInt64 x = strlen((char *)Y);      //数据长度
    UInt32 d = abs(55-x) % 64;         //填充长度
    UInt32 n = (x+8)/64+1;             //分组数
    UInt32 m = x%64;                   //最后一组数据长度
    UInt32 l = 8;
    cout<<"数据长度 x:"<<int(x)<<" ";
    cout<<"填充长度 d:"<<d<<" ";
    cout<<"分组数量 n:"<<n<<" ";
    cout<<"最后长度 m:"<<m<<endl;
    //不填充
    for(i=0;i<x;i++){
        temp[i] = Y[i];
    }
    //填充1次 1000 0000
```

```
        temp[x] = 0x80;
    //填充 d 次 0000 0000
    for(i=x+1;i<x+d+1;i++){
        temp[i] = 0x00;
    }
    //填充长度的 63-0 位
    for(i=1;i<=l;i++){
        temp[(n*64)-i] = (UChar)(8*x>>(i-1)*8);
    }
    //无符号字符转换为无符号整型
    for(i=0;i<Max/4;i++){
        for(j=0;j<4;j++){
            if(j==0)
                T1 = temp[4*i+j];
            if(j==1)
                T2 = temp[4*i+j];
            if(j==2)
                T3 = temp[4*i+j];
            if(j==3)
                T4 = temp[4*i+j];
        }
        W[i] = (T1<<24) + (T2<<16) + (T3<<8) +T4;
    }
    //显示十六进制数据
    cout<<"十六进制数据:";
    for(i=0;i<n*16;i++){
        cout<<hex<<" "<<W[i];
    }
    cout<<endl;
    //分组处理
    for(i=0;i<n;i++){
        cout<<"分组处理:"<<i+1<<endl;
        for(j=0;j<16;j++){
            M[j] = W[(i*16)+j];
        }
        compress();//sha-256 压缩
    }
}
//主函数
int main(){
    UChar Y[Max];
```

```
cout<<"请输入要加密的字符串(最大"<<Max<<"个)："<<endl;
cin>>Y；
PAD(Y)；
system("pause")；
return 0；
}
```

五、实验结果

SHA－256 批量产生摘要及耗时测试如图 6－3 所示。

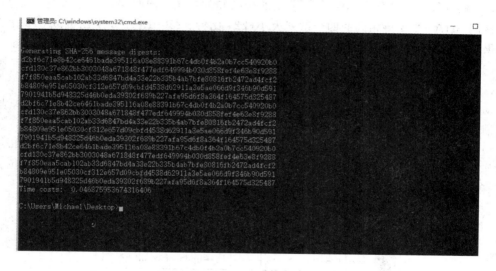

图 6－3　SHA－256 算法运行结果

6.4　SHA－3

一、实验目的

熟悉 SHA－3 算法的运行过程，能够使用 C＋＋语言编写实现 SHA－3 算法程序，理解状态机的用法，进一步了解新型 Hash 算法的设计特点。

二、实验要求

（1）理解 SHA－3 轮函数定义和工作过程。
（2）利用 VC＋＋语言实现 SHA－3 算法。
（3）分析 SHA－3 算法运行的性能。

三、实验原理

2012 年 10 月，经过多年的测试和分析，美国政府选择了 Keccak 算法作为 SHA－3 的标准，Keccak 算法（读作"ket－chak"）是 Guido Bertoni，Joan Daemen，Michael Peters 和

Giles Van Assche 的工作。

Keccak 采用了创新的"海绵引擎"散列消息文本。它是快速的，在英特尔酷睿 2 处理器下的平均速度为 12.5 周期每字节。它设计简单，方便硬件实现。

Keccak 已可以抵御最小的复杂度为 2^n 的攻击，其中 n 为散列的大小。它具有广泛的安全边际。至目前为止，第三方密码分析已经显示出 Keccak 没有严重的弱点。且根据 NIST 的标准，SHA - 3 的代表算法 Keccak 符合以下特性：

（1）候选散列函数必须好实现。它应该消耗最少的资源即使散列大量的消息文本。许多候选算法实际上无法达到这个要求。

（2）候选算法必须保守安全。它应该抵御已知的攻击，同时保持一个大的安全系数。它应该同 SHA - 2 支持相同的四个散列大小（224 比特、256 比特、384 比特或 512 比特），但如果需要能够支持更长的散列位宽。

（3）能够接受任意密码分析。源代码和分析结果公开为感兴趣的第三方审查和评论。

（4）必须使代码多样性。SHA - 3 不能使用 Merkle - Damgard 引擎（传统的 MD 结构）产生消息散列。

SHA - 3 采用了内部多模块状态转移式结构取代了 MD 结构，如图 6 - 4 所示，hash() 函数作为入口函数。它需要 4 个输入参数：散列位大小（n），消息文本（m）和它的位大小（n），和一个哈希变量（h）。

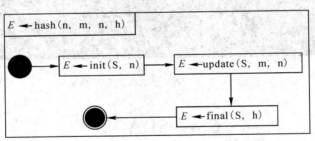

图 6 - 4　SHA - 3算法工作流程

init() 函数为指定的哈希大小准备内部状态（S）。update() 函数开始压缩或吸收相，在这里根据内部状态组合消息文本，然后置换。final() 函数开始提取或压缩相，这是位从内部状态提取和组装形成的散列值。第一个 n 位组装的散列作为消息散列。四个函数都返回一个错误的结果，返回 0 说明函数没有出错地执行结束。

Keccak 使用了 24 个变换循环来缩减消息文本为散列值。每个循环连续调用了五个模块，如图 6 - 5 所示。θ 模块把内部状态转化为 5×5 的每个元素为 64 位的数组。它计算每列中同位的部分，然后使用异或（XOR）操作符对它们进行组合。ρ 模块按照三角数的排列对每个 64 位元素循环移动。不过循环移动把元素 $S[0][0]$ 排除在外。φ 模块变换 64 位元素。χ 模块给变换循环增加了非线性特性，它仅仅使用了三个逐位操作符：与（AND）、非（NOT）和异或（XOR）来组合行元素。ι 模块打破了由其他模块所产生的任何对称，它把数组中的一个元素与一循环常量异或。这个模块有 24 个循环常量供选择，这些常量由 Keccak 内部定义。

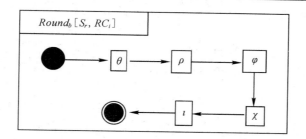

图 6 - 5 SHA - 3 轮函数模块化工作流程

四、算法实现

1. 实现环境

普通计算机 Intel i5 3470@3.2GHz，4GB RAM，Windows 7 Professional Edition，VS 13 平台。

2. 核心代码

```
# include "stdint. h"
# include <string. h>
# ifndef KECCAK_ROUNDS
# define KECCAK_ROUNDS 24
# endif
# ifndef ROTL64
# define ROTL64(x, y) (((x) << (y)) | ((x) >> (64 - (y))))
# endif
const uint64_t keccakf_rndc[24] =
{
    0x0000000000000001, 0x0000000000008082, 0x800000000000808a,
    0x8000000080008000, 0x000000000000808b, 0x0000000080000001,
    0x8000000080008081, 0x8000000000008009, 0x000000000000008a,
    0x0000000000000088, 0x0000000080008009, 0x000000008000000a,
    0x000000008000808b, 0x800000000000008b, 0x8000000000008089,
    0x8000000000008003, 0x8000000000008002, 0x8000000000000080,
    0x000000000000800a, 0x800000008000000a, 0x8000000080008081,
    0x8000000000008080, 0x0000000080000001, 0x8000000080008008
};

const int keccakf_rotc[24] =
{
    1,  3,  6,  10, 15, 21, 28, 36, 45, 55, 2,  14,
    27, 41, 56, 8,  25, 43, 62, 18, 39, 61, 20, 44
};
```

```
const int keccakf_piln[24] =
{
    10, 7,  11, 17, 18, 3, 5,  16, 8,  21, 24, 4,
    15, 23, 19, 13, 12, 2, 20, 14, 22, 9,  6,  1
};
```

//根据给定轮数更新状态

```
void keccakf(uint64_t st[25], int rounds)
{
    int i, j, round;
    uint64_t t, bc[5];

    for (round = 0; round < rounds; round++)
    {
        //Theta
        for (i = 0; i < 5; i++)
            bc[i] = st[i] ^ st[i + 5] ^ st[i + 10] ^ st[i + 15] ^ st[i + 20];

        for (i = 0; i < 5; i++)
        {
            t = bc[(i + 4) % 5] ^ ROTL64(bc[(i + 1) % 5], 1);
            for (j = 0; j < 25; j += 5)
                st[j + i] ^= t;
        }

        // Rho Pi
        t = st[1];
        for (i = 0; i < 24; i++) {
            j = keccakf_piln[i];
            bc[0] = st[j];
            st[j] = ROTL64(t, keccakf_rotc[i]);
            t = bc[0];
        }

        //  Chi
        for (j = 0; j < 25; j += 5)
        {
            for (i = 0; i < 5; i++)
                bc[i] = st[j + i];
```

```
            for (i = 0; i < 5; i++)
                st[j + i] ^= (~bc[(i + 1) % 5]) & bc[(i + 2) % 5];
        }


        //   Iota
        st[0] ^= keccakf_rndc[round];
    }
}
```

//根据 in 中给出的长度计算一个 Keccak Hash 值（md）
//in 为输入消息；inlen 为输入长度；md 为消息摘要；mdlen 消息摘要长度。

```
int keccak(const uint8_t * in, int inlen, uint8_t * md, int mdlen)
{
    uint64_t st[25];
    uint8_t temp[144];
    int i, rsiz, rsizw;

    rsiz = 200 - 2 * mdlen;
    rsizw = rsiz / 8;

    memset(st, 0, sizeof(st));

    for ( ; inlen >= rsiz; inlen -= rsiz, in += rsiz)
    {
        for (i = 0; i < rsizw; i++)
            st[i] ^= ((uint64_t *) in)[i];
        keccakf(st, KECCAK_ROUNDS);
    }

    // last block and padding
    memcpy(temp, in, inlen);
    temp[inlen++] = 1;
    memset(temp + inlen, 0, rsiz - inlen);
    temp[rsiz - 1] |= 0x80;

    for (i = 0; i < rsizw; i++)
        st[i] ^= ((uint64_t *) temp)[i];

    keccakf(st, KECCAK_ROUNDS);
```

```
        memcpy(md, st, mdlen);
        return 0;
    }
```

五、实验结果

实验结果如图 6 - 6 所示。

图 6 - 6　SHA - 3 算法运行结果

实验七　数字签名

数字签名技术是公钥密码学中一个重要的概念，它拥有对称密码所不能提供的性质，即不可否认性。一个经过某人电子签名后的消息，表明签名人对消息已经阅读并确认，同时他不能够否认自己签署过这个文件。

本次实验编程实现常用的签名算法，主要是 RSA 和 DSA 签名，在实验过程中进一步掌握数字签名的原理和运行机制，并学会使用 GMP 开源软件(见附录1)。

7.1　RSA 签名算法

一、实验目的

通过实验掌握 GMP 开源软件的用法，理解 RSA 数字签名算法，学会 RSA 数字签名算法程序设计，提高一般数字签名算法的设计能力。

二、实验要求

(1) 基于 GMP 开源软件，实现 RSA 签名算法。
(2) 要求有对应的程序调试记录和验证记录。

三、实验内容

(一) 算法描述

1. 密钥生成算法
这一步骤将为每个用户生成公钥和相应私钥，执行如下操作：
(1) 产生两个不同的大素数 p 和 q。
(2) 计算 $n=pq$ 和 $\varphi=(p-1)(q-1)$。
(3) 选择一个随机数 $e(1<e<\varphi)$，满足 $\gcd(e,\varphi)=1$。
(4) 使用扩展欧几里得算法计算 $d(1<d<\varphi)$ 使得 $ed\equiv1(\bmod\varphi)$。
(5) 那么用户得公钥为 (n,e)，私钥为 d。

2. 签名生成算法
假设用户 A 对消息 $m\in M$ 签名，执行操作如下：
(1) 存在一个函数 $R(*)$，将消息 m 映射为范围 $[0,n-1]$ 的一个数 $\widetilde{m}$，即 $\widetilde{m}=R(m)$。
(2) 计算 $s=\widetilde{m}^d\bmod n$。
(3) A 对消息 m 的签名为 s。

3. 签名验证算法

那么任何用户都可以验证用户 A 的签名，并且恢复消息 m：

（1）获取用户 A 的公钥 (n, e)。

（2）计算 $\widetilde{m} = s^e \bmod n$。

（3）验证是否 $\widetilde{m} \in M$ 成立，否则拒绝该签名。

（4）恢复消息 $m = R^{-1}(\widetilde{m})$。

（二）算法实现

RSA 签名算法可以分为三个部分：生成密钥、签名和解签名。

1. 关键函数

生成满足 $gcd(e, \varphi) = 1$ 的随机数 $e(1 < e < \varphi)$：

实现该功能的函数为 void e_gen(mpz_t e, mpz_t fn)，第一个参数 e 为函数的输出。函数过程为：设立 flag=1，然后在 while 循环内部，使用 void random_num(mpz_t ran_num, mpz_t m, mpz_t n) 函数产生在 $[2, \varphi-1]$ 的随机数字 e，接着求该数字 e 与 $\varphi(n)$ 的最大公约数，判断该最大公约数是否等于 1。如果等于 1，则 flag=0，while 循环结束；否则，继续做循环。循环结束即输出满足需求的随机数 $e(1 < e < \varphi)$。

函数的实现代码如下：

```
void e_gen(mpz_t e, mpz_t fn){

    mpz_t s,t;
    mpz_init(s);
    mpz_init(t);
    mpz_set_ui(s,2);
    mpz_sub_ui(t,fn,1);

    mpz_t gcd_num;
    mpz_init(gcd_num);

    int flag=1;
    while(flag)
    {
        random_num(e,s,t);
        mpz_gcd (gcd_num, e, fn);
        if (mpz_cmp_ui(gcd_num,1)==0)
            flag=0;
    }

    mpz_clear(s);
    mpz_clear(t);
```

```
        mpz_clear(gcd_num);
}
```

2. 实验代码

```
int _tmain(int argc, _TCHAR * argv[])
{
        mpz_t p,q,s,t;

        mpz_init(p);
        mpz_init(q);
        mpz_init(s);
        mpz_init(t);

        mpz_set_ui(s,1);
        mpz_set_ui(t,100000);

        //产生两个大素数 p,q
        prime_gen(p, s, t);
        gmp_printf("大素数%s 为 %Zd\n", "p",p);
        prime_gen(q, s, t);
        gmp_printf("大素数%s 为 %Zd\n", "q",q);

        //计算 n, fn
        mpz_t n,fn,p1,q1;
        mpz_init(n);
        mpz_init(fn);
        mpz_init(p1);
        mpz_init(q1);
        mpz_mul(n,p,q);
        mpz_sub_ui(p1,p,1);
        mpz_sub_ui(q1,q,1);
        mpz_mul(fn,p1,q1);

        gmp_printf("数%s 为 %Zd\n", "n",n);
        gmp_printf("数%s 为 %Zd\n", "fn",fn);

        //产生 e
        mpz_t e;
        mpz_init(e);
        e_gen(e,fn);
        gmp_printf("数%s 为 %Zd\n", "e",e);
```

```
//计算 d
mpz_t d;
mpz_init(d);
if(mpz_invert (d, e, fn))
    gmp_printf("数%s 为 %Zd\n", "d",d);


//随机选择一个消息 m
mpz_t m;
mpz_init(m);

random_num(m,s,t);
gmp_printf("明文消息%s 为 %Zd\n", "m",m);


//签名
mpz_t sig;
mpz_init(sig);
mpz_powm (sig, m, d, n);
gmp_printf("签名%s 为 %Zd\n", "sig",sig);


//验证签名

mpz_t mp;
mpz_init(mp);
mpz_powm (mp,sig, e, n);
gmp_printf("解消息%s 为 %Zd\n", "mp",mp);


if(mpz_cmp(m,mp)==0)
    printf("签名验证成功! \n");
else
    printf("签名验证失败! \n");
return 0;
}
```

（三）实验结果

实验结果如图 7-1 所示。在参数初始化阶段，素数 $p=45233$，$q=86531$，那么 $n=3914056723$，$\varphi(n)=3913924960$。随机选择 $e=2864262231$，则 $d=750811591$。随机选择一个明文消息 $m=93822$，使用私钥签名后，签名消息为 211516866。在解签名阶段，使用公钥正确解签名，得到消息为 93822。它与明文消息 m 相同，说明签名验证成功。

图 7-1 RSA 签名及验证过程

7.2 DSA 签名算法

1991 年 8 月，美国国家标准与技术局提出了数字签名算法 DSA。该算法也成了美国联邦信息处理标准(FIPS 186)，被称为数字签名标准 DSS(Digital Signature Standard)，成为了第一个由政府认可的数字签名方案。

一、实验目的

通过实验掌握 GMP 开源软件的用法，理解 DSA 数字签名算法，学会 DSA 数字签名算法程序设计，提高一般数字签名算法的设计能力。

二、实验要求

（1）设计大素数生成算法，随机生成用户的公私钥。

（2）对大整数的签名及验证：签名方选取一个大数为明文，对其签名并输出签名信息；验证方对签名能够正确验证。

（3）要求有对应的程序调试记录和验证记录。

三、实验内容

（一）算法描述

这里主要介绍长度为 1024 位的 DSA 算法。

1. 密钥生成算法

每个用户产生公钥和私钥，执行如下操作：

（1）选择大素数 p（$2^{1023} < p < 2^{1024}$）。

（2）选择一个大素数 q，满足 q 整除$(p-1)$，且 $2^{159} < q < 2^{160}$。

（3）选择阶为 q 的群 Z_p^* 的生成元：

① 选择元素 $g \in Z_p^*$，计算 $\alpha = g^{(p-1)/q} \bmod p$。

② 如果 $\alpha = 1$，跳转①执行。

(4) 选择一个随机数 $a(1 \leqslant a \leqslant q-1)$。

(5) 计算 $y = \alpha^a \bmod p$。

(6) 用户的公钥为 (p,q,α,y)，私钥为 a。

2. 签名算法

(1) 选择一个随机的秘密值 $k(0 < k < q)$。

(2) 计算 $r = (\alpha^k \bmod p) \bmod q$。

(3) 计算 $k^{-1} \bmod q$。

(4) 计算 $s = k^{-1}\{h(m) + ar\} \bmod q$。

(5) 输出对消息 m 的签名为 (r,s)。

3. 验证签名

收到 (r,s) 后，任何用户可以解签名，执行如下操作：

(1) 获取公钥 (p,q,α,y)。

(2) 验证 $0 < r < q$ 和 $0 < s < q$ 是否成立；如果不成立，则拒绝签名。

(3) 计算 $w = s^{-1} \bmod q$ 和 $h(m)$。

(4) 计算 $u_1 = w \cdot h(m) \bmod q$ 和 $u_2 = rw \bmod q$。

(5) 计算 $v = (\alpha^{u_1} y^{u_2} \bmod p) \bmod q$。

(6) 如果 $v = r$，则接受签名；反之，则拒绝。

（二）算法实现

1. 关键函数

1）生成满足要求的大素数 p 和 q

DSA 算法要求大素数 p 在 $(2^{1023}, 2^{1024})$ 之间，大素数 q 整除 $(p-1)$，且 $2^{159} < q < 2^{160}$。这是有一定难度的，本实验编写一个函数，用于生成这两个大素数。

关键代码如下：

```
void pq_gen(mpz_t p, mpz_t q)
{
    mpz_t s0,t0,s1,t1,temp1,temp2;
    mpz_init(s0);
    mpz_init(s1);
    mpz_init(t1);
    mpz_init(t0);
    mpz_init(temp1);
    mpz_init(temp2);

    mpz_ui_pow_ui(s0,2,159);
    mpz_ui_pow_ui(t0,2,160);
    mpz_add_ui(s0,s0,1);
    mpz_sub_ui(t0,t0,1);
```

```
        mpz_ui_pow_ui(s1,2,1023);
        mpz_ui_pow_ui(t1,2,1024);

        int flag=1;
        while(flag)
        {
        prime_gen(q,s0,t0);
        gmp_printf("数%s 为 %Zd\n", "q",q);
        mpz_cdiv_q (temp1,s1,q);
        gmp_printf("数%s 为 %Zd\n", "temp1",temp1);
        mpz_cdiv_q (temp2,t1,q);
        gmp_printf("数%s 为 %Zd\n", "temp2",temp2);

        while(flag && mpz_cmp (temp1,temp2)<0)
        {
            mpz_add_ui(temp1,temp1,1);
            mpz_mul(p,q,temp1);

            mpz_add_ui(p,p,1);

            if(mpz_probab_prime_p (p,20))
            {
                printf("p 素数测试结束\n");
                flag=0;
                gmp_printf("素数%s 为 %Zd\n", "p",p);
            }
            else
                printf("p 不是素数，重新计算\n");
        }
    }
    mpz_clear(s0);
    mpz_clear(t0);
    mpz_clear(s1);
    mpz_clear(t1);
    mpz_clear(temp1);
    mpz_clear(temp2);
}
```

2）公私钥生成
```
    void key_gen(pub_key * pubkey, mpz_t prikey)
    {
        int flag;
```

```
                    //生成满足要求的大素数 p 和 q
                    pq_gen(pubkey->p, pubkey->q);
                    mpz_t g,one,alpha,temp1,temp2,a,y;

                    mpz_init(g);
                    mpz_init(one);
                    mpz_init(alpha);
                    mpz_init(temp1);
                    mpz_init(temp2);
                    mpz_init(a);
                    mpz_init(y);

                    mpz_set_ui(one,1);
                    mpz_sub_ui(temp1,pubkey->p,1);

             flag=1;
             printf("计算 Zp 的生成元");
             while(flag)
             {
                    random_num(g,one,temp1);

                        mpz_divexact(temp2,temp1,pubkey->q);
                        mpz_powm (alpha,g,temp2,pubkey->p);
                        if(mpz_cmp_ui(alpha,1)! =0)
                            flag=0;
             }
             gmp_printf("素数%s 为 %Zd\n", "g",g);

                    mpz_sub_ui(temp1,pubkey->q,1);
                    random_num(a,one,temp1);
                    gmp_printf("素数%s 为 %Zd\n", "a",a);
                    mpz_powm (y,alpha, a,pubkey->p);
                    gmp_printf("素数%s 为 %Zd\n", "y",y);

                    mpz_set(pubkey->alpha,alpha);
                    mpz_set(pubkey->y,y);
                    mpz_set(prikey,a);

                    mpz_clear(g);
                    mpz_clear(one);
                    mpz_clear(alpha);
                    mpz_clear(temp1);
                    mpz_clear(temp2);
```

```
        mpz_clear(a);
        mpz_clear(y);
    }
```

3）签名函数

```
    void sign(signature * sig,mpz_t m, mpz_t prikey,pub_key * pubkey)
    {
        mpz_t h,k,k_inv,one,temp,temp1,r,s;

        mpz_init(h);
        mpz_init(one);
        mpz_init(temp);
        mpz_init(temp1);
        mpz_init(k);
        mpz_init(k_inv);
        mpz_init(s);
        mpz_init(r);

        //产生随机数 k
        mpz_set_ui(one,1);
        mpz_sub_ui(temp1,pubkey->q,1);
        random_num(k,one,temp1);

        //计算 r
        mpz_powm (r,pubkey->alpha,k,pubkey->p);
        mpz_mod (r,r,pubkey->q);

        //求 k 的逆元
        mpz_invert (k_inv, k,pubkey->q);

        //求 s
        //求 m 的 hash 值
        hash(h,m);

        mpz_mul(temp,prikey,r);
        mpz_add(temp,temp,h);
        mpz_mul(s,k_inv,temp);
        mpz_mod(s,s,pubkey->q);
        mpz_set(sig->r,r);
        mpz_set(sig->s,s);
        //清理变量
        mpz_clear(h);
        mpz_clear(one);
        mpz_clear(temp);
```

```
        mpz_clear(temp1);
        mpz_clear(k);
        mpz_clear(k_inv);
        mpz_clear(s);
        mpz_clear(r);


}
```

4) 验证签名

```
    int verify(signature * sig,mpz_t m, pub_key * pubkey)
    {
        mpz_t w,h,u1,u2,v,temp1,temp2;

        mpz_init(w);
        mpz_init(h);
        mpz_init(u1);
        mpz_init(u2);
        mpz_init(v);
        mpz_init(temp1);
        mpz_init(temp2);

        if(mpz_cmp_ui(sig->r,0)<=0||mpz_cmp(sig->r,pubkey->q)>=0)
        {
            printf("r 的取值不正确，签名不成立！\n");
            return 0;
        }

        if(mpz_cmp_ui(sig->s,0)<=0||mpz_cmp(sig->s,pubkey->q)>=0)
        {
            printf("s 的取值不正确，签名不成立！\n");
            return 0;
        }

        //计算 w 和 h
        mpz_invert (w, sig->s,pubkey->q);
        hash(h,m);
        //计算 u1 和 u2
        mpz_mul(u1,w,h);
        mpz_mod(u1,u1,pubkey->q);
        mpz_mul(u2,sig->r,w);
        mpz_mod(u2,u2,pubkey->q);

        //计算 v
        mpz_powm (temp1,pubkey->alpha,u1,pubkey->p);
```

```
        mpz_powm（temp2,pubkey—>alpha,u2,pubkey—>p）;
        mpz_mul(v,temp1,temp2）;
        mpz_mod（v,v,pubkey—>p）;
        mpz_mod（v,v,pubkey—>q）;
        mpz_clear(w）;
        mpz_clear(h）;
        mpz_clear(u1）;
        mpz_clear(u2）;
        mpz_clear(v）;
        mpz_clear(temp1）;
        mpz_clear(temp2）;
        return 1;
    }
```

2. 实验代码

```
    int main(int argc，_TCHAR * argv[])
    {
        mpz_t prikey;
        //pubkey = ( pub_key_t )malloc(sizeof( struct pubkey_s));
        pub_key * pubkey=(pub_key * )malloc(sizeof ( * pubkey));
        mpz_init(pubkey—>alpha);
        mpz_init(pubkey—>p);
        mpz_init(pubkey—>q);
        mpz_init(pubkey—>y);
        mpz_init(prikey);
        //pq_gen(pubkey—>p,pubkey—>q);
        //初始化密钥
        key_gen(pubkey,prikey);

        gmp_printf("数%s 为 %Zd\n"，"pubkey—>alpha",pubkey—>alpha);
        gmp_printf("数%s 为 %Zd\n"，"pubkey—>p",pubkey—>p);
        gmp_printf("数%s 为 %Zd\n"，"pubkey—>q",pubkey—>q);
        gmp_printf("数%s 为 %Zd\n"，"pubkey—>y",pubkey—>y);
        gmp_printf("数%s 为 %Zd\n"，"prikey",prikey);
        printf("———————————————————————————————————\n");
        //产生消息
        mpz_t m,one;
        mpz_init(m);
        mpz_init(one);
        mpz_set_ui(one,1);

        random_num(m,one,pubkey—>q);

        //签名
```

```
signature * sig=(signature * )malloc(sizeof ( * sig));
mpz_init(sig->r);
mpz_init(sig->s);

sign(sig,m,prikey, pubkey);
gmp_printf("数%s 为 %Zd\n", "r",sig->r);
gmp_printf("数%s 为 %Zd\n", "s",sig->s);

printf("———————————————————————————————\n");

//验证签名

if(verify(sig,m,pubkey))
    printf("验证签名成功\n");
else
    printf("验证签名失败\n");

free(pubkey);
free(sig);
mpz_clear(prikey);

return 0;
}
```

（三）实验结果

实验结果如图 7-2 所示。

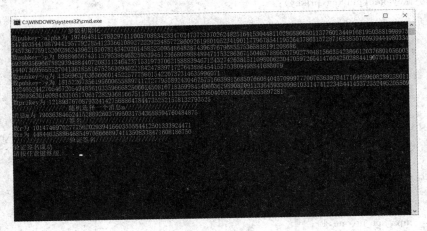

图 7-2　DSA 签名及验证过程

实验八　同态密码及 TFHE 方案的实现（拓展实验）

　　同态密码是近十年来密码学研究的热点，它在云计算、大数据背景下有着极广泛的应用前景。本章为拓展实验部分，主要介绍同态密码体制及其实现，重点实现 Chillotti 等在 2016 年亚密会上提出的 TFHE 方案[4]，供学有余力的学生学习。

一、实验目的

　　通过实验熟悉 Linux 开发环境，学习掌握全同态加密方案的基本编译测试方法，提高 C＋＋程序设计能力。

二、实验要求

　　（1）安装并熟悉实验环境。
　　（2）同态加密测试：输入两个任意明文，对其加密并输出密文，密文作 NAND 运算后输出结果，解密后为原明文 NAND 运算结果。

三、同态加密简介

　　同态加密体制可以直接对密文做运算，运算结果解密后等于对明文做同样运算的结果。具有同态性质的加密方案允许在服务器端直接对密文进行运算，用户只需对返回的密文结果解密即可，因此，同态密码在保证数据安全的同时，能显著降低数据服务的通信量及运算量。

　　同态加密方案可分为 3 类：部分同态加密、类同态加密和全同态加密。部分同态只能实现某一种代数运算（或、乘、加）；类同态加密能同时实现有限次的加运算和乘运算；全同态加密能实现任意次的加运算和乘运算。

　　目前全同态加密的主流构造方法由 Gentry 在 2009 年提出[5]，主要思路是自举（Boot-strapping，用同态方案运行自身的解密电路）＋压缩（Squashing，对解密电路的深度进行压缩）。该方法也称 Gentry 蓝图，它可以基于任意一个满足条件的类同态加密方案（要求该方案的同态运算深度大于其解密电路的深度）构造全同态加密方案。其中自举过程的主要作用是：当密文中噪音增大到一定程度，无法再运行同态操作时，降低密文中的噪音，以使密文可以持续地进行同态操作。

　　现有的根据 Gentry 蓝图构造的全同态加密方案中，自举过程效率普遍较低，可以说自举速度很大程度上决定了算法的运行速度。为了构造实用的高效算法，学者们大多针对自举算法进行修改优化。

　　2016 年亚洲密码学年会上，Chillotti 等人基于 Gentry 蓝图构造了一种高效的全同态加密方案 TFHE，实现了自举一个比特只需要 0.052 秒。2017 年亚密会上，Chillotti 等人再对结果进行优化，最终实现自举一个比特只需要 0.013 秒，基本达到了实用标准。

　　注意：（1）当前大多数全同态方案都运行在 Linux 环境下，因此，在编写程序代码前需要安装 Linux 环境，并且安装相应的运行库 CMake、FFTW 和 gtest。（2）实验的重点是掌握如何编译和修改 test－bootstrapping－fft.cpp 文件。

四、实验内容

（一）配置相关环境

1. CMake 安装配置

　　CMake 是一个跨平台的自动化构建系统，它使用一个名为 CMakeLists.txt 的文件来描述构建过程，可以产生标准的构建文件，如 Unix 的 Makefile 或 Windows Visual C++的 projects/workspaces。文件 CMakeLists.txt 需要手工编写，也可以通过编写脚本进行半自动生成。CMake 提供了比 autoconfig 更简洁的语法。在 Linux 平台下使用 CMake 生成 Makefile 并编译的流程如下：

　　（1）编写 CMakeLists.txt。

　　（2）执行命令"cmake PATH"或者"ccmake PATH"生成 Makefile 文件（PATH 是 CMakeLists.txt 所在的目录）。

　　（3）使用 make 命令进行编译。

　　CMakeLists.txt 的语法比较简单，由命令、注释和空格组成，其中命令是不区分大小写的，符号"#"后面的内容被认为是注释。命令由命令名称、小括号和参数组成，参数之间使用空格进行间隔。

　　这里介绍一下常用的命令：

　　1）project 命令

　　命令语法：

　　　　project(<projectname> [languageName1 languageName2 …])

　　命令简述：用于指定项目的名称。

　　使用范例：

　　　　project(Main)

　　2）cmake_minimum_required 命令

　　命令语法：

　　　　cmake_minimum_required(VERSION major[.minor[.patch[.tweak]]])[FA-TAL_ERROR])

　　命令简述：用于指定需要的 CMake 最低版本。

　　使用范例：

　　　　cmake_minimum_required(VERSION 2.8)

　　3）aux_source_directory 命令

　　命令语法：

　　　　aux_source_directory(<dir> <variable>)

　　命令简述：用于将 dir 目录下的所有源文件名字保存在变量 variable 中。

使用范例：

　　aux_source_directory(. DIR_SRCS)

4) add_executable 命令

命令语法：

　　add_executable(<name> [WIN32] [MACOSX_BUNDLE][EXCLUDE_FROM_ALL] source1 source2 ⋯ sourceN)

命令简述：用于指定从一组源文件 source1 source2 ⋯ sourceN 编译出一个可执行文件且命名为 name。

使用范例：

　　add_executable(Main ${DIR_SRCS})

5) add_library 命令

命令语法：

　　add_library([STATIC | SHARED | MODULE] [EXCLUDE_FROM_ALL] source1 source2 ⋯ sourceN)

命令简述：用于指定从一组源文件 source1 source2 ⋯ sourceN 编译出一个库文件且命名为 name。

使用范例：

　　add_library(Lib ${DIR_SRCS})

6) add_dependencies 命令

命令语法：

　　add_dependencies(target－name depend－target1 depend－target2 ⋯)

命令简述：用于指定某个目标(可执行文件或者库文件)依赖于其他的目标。这里的目标必须是 add_executable、add_library、add_custom_target 命令创建的目标。

7) add_subdirectory 命令

命令语法：

　　add_subdirectory(source_dir [binary_dir] [EXCLUDE_FROM_ALL])

命令简述：用于添加一个需要进行构建的子目录。

使用范例：

　　add_subdirectory(Lib)

8) target_link_libraries 命令

命令语法：

　　target_link_libraries(<target> [item1 [item2 [⋯]]][[debug|optimized|general]] ⋯)

命令简述：用于指定 target 需要链接 item1 item2 ⋯。这里 target 必须已经被创建，链接的 item 可以是已经存在的 target(依赖关系会自动添加)

使用范例：

　　target_link_libraries(Main Lib)

9) set 命令

命令语法：

set（＜variable＞ ＜value＞ [[CACHE ＜type＞＜docstring＞ [FORCE]] | PARENT_SCOPE]）

命令简述：用于设定变量 variable 的值为 value。如果指定了 CACHE，变量将被放入缓存（Cache）中。

使用范例：

set（ProjectName Main）

10）message 命令

命令语法：

message（[STATUS | WARNING | AUTHOR_WARNING | FATAL_ERROR | SEND_ERROR] "message to display"…）

命令简述：用于输出信息。

使用范例：

message（"Hello World"）

11）find_library 命令

命令语法：

find_library（＜VAR＞ name1 [path1 path2 …]）

命令简述：用于查找库文件 name1 的路径，如果找到则将路径保存在 VAR 中（此路径为一个绝对路径），如果没有找到则结果为 ＜VAR＞－NOTFOUND。

C++ 编译标志相关变量：

CMAKE_CXX_FLAGS

CMAKE_CXX_FLAGS_[DEBUG | RELEASE | MINSIZEREL | RELWITHDEBINFO]

CMAKE_C_FLAGS 或 CMAKE_CXX_FLAGS 可以指定编译标志

如果 CMAKE_C_FLAGS_[DEBUG | RELEASE | MINSIZEREL | RELWITHDEBINFO]或 CMAKE_CXX_FLAGS_[DEBUG | RELEASE | MINSIZEREL | RELWITHDEBINFO]，则指定特定构建类型的编译标志，这些编译标志将被加入到 CMAKE_C_FLAGS 或 CMAKE_CXX_FLAGS 中去，例如，如果构建类型为 DEBUG，那么 CMAKE_CXX_FLAGS_DEBUG 将被加入到 CMAKE_CXX_FLAGS 中。

示例：

（1）编写一个简单的程序（hello.cpp）：

```
# include ＜stdio.h＞
int main()
{
    printf("Hello World");
    return 0;
}
```

（2）编写 CMakeLists.txt，并与 hello.cpp 放在同一个目录下。

```
project(hello)
aux_source_directory(. DIR_SRCS)
add_executable(hello ${DIR_SRCS})
```

（3）在 CMakeLists.txt 所在的目录下创建一个 build 目录，进入该目录执行如下

CMake 命令生成构建文件：

```
mkdir build

cd build

cmake
```

2. FFTW 安装配置

FFTW（The Fastest Fourier Transform in The West）库是由 MIT（Massachusetts Institute of Technology）的 Matteo Frigo 和 Steven G. Johnson 开发的，用于一维和多维实数或复数的离散傅里叶变换。它是一个 C 语言开发的库，支持任意大小、任意维数的数据的离散傅里叶变换（DFT），并且还支持离散余弦变换（DCT）、离散正弦变换（DST）和离散哈特莱变换（DHT）。

（1）从 www.fftw.org 网站下载 fftw－2_1_3_tar.gz。

（2）使用解压缩命令 tar zxvf fftw－2_1_3_tar.gz。

（3）安装 FFTW，步骤如下：

① 配置。

```
./configure--enable-type-prefix--prefix =/usr/local/fftw--with-gcc--disable-fortran--enable-i386-hacks
```

其中，--enable-type-prefix 参数表示同时使用 single precision（单精度）和 double precision（双精度），如果不使用该参数，最后只有以 rfftw 开头的文件被安装（real fftw）；--prefix＝后面的参数是设定的安装目录；--with-gcc 表示使用 gcc 编译器；--disable-fortran 表示不包含 Fortran 调用的机制；--enable-i386-hacks 表示为 Pentium 和 x86 以后的 CPU 优化 gcc 的编译速度。

② 编译。

```
make
```

③ 安装。安装完成后，在安装目录中存在以 dfftw 和 drfftw 开头文件，但没有 sfftw 开头的文件。

```
make install
```

④ 重新安装前需要先清除。

```
make clean
```

⑤ 重新配置。

```
./configure--enable-float--enable-type-prefix--prefix =/usr/local/fftw--with-gcc--disable-fortran--enable-i386-hacks
```

其中，-enable-float 参数是为了生成单精度计算的头文件和库文件，即以 sfftw 开头的文件。

⑥ 重新编译。

```
make
```

⑦ 重新安装，安装完成后，目录中将同时存在 sfftw 和 dfftw 开头的文件（用于复数函数的 FFT 变换）和 srfftw 与 drfftw 开头的文件（用于实数函数的 FFT 变换）。

```
make install
```

示例：

```
#include <fftw3.h>
    ...
    {
        fftw_complex * in, * out;

        fftw_plan p;

        ...
        in = (fftw_complex *) fftw_malloc(sizeof(fftw_complex) * N);
        out = (fftw_complex *) fftw_malloc(sizeof(fftw_complex) * N);
        // 输入数据 in 赋值
        p = fftw_plan_dft_1d(N, in, out, FFTW_FORWARD, FFTW_ESTIMATE);
        fftw_execute(p); // 执行变换          ...
        fftw_destroy_plan(p);
        fftw_free(in);
        fftw_free(out);
    }
```

代码先用 fftw_malloc 分配输入输出内存，然后输入数据赋值，再创建变换方案（fftw_plan），然后执行变换(fftw_execute)，最后释放资源。

3. gtest 安装配置

gtest 是一个跨平台(Liunx、Mac OSX、Windows、Cygwin、Windows CE and Symbian)的 C++测试框架，由 google 公司发布。从 http://code.google.com/p/googletest/downloads/detail? name=gtest-1.7.0.zip&can=2&q=上可下载 gtest-1.7.0 版本。

在 Ubuntu 下编译 gtest，在 gtest-1.7.0.zip 目录下，依次执行：

```
unzip gtest-1.7.0.zip
cd  gtest-1.7.0
./configure
Make
```

Make 后会生成两个静态库 libgtest.a 和 libgtest_main.a，需要通过以下命令拷贝到系统目录下：

```
sudo cp libg * . a  /usr/lib (要进到 googlemock/gtest 目录)
sudo cp -a ./include/gtest/ /usr/include/(需要分别进入各自目录下拷贝)
sudo cp -a ./include/gmock/ /usr/include/
```

常用的测试宏如表 8-1 所示。以 ASSERT_开头和以 EXPECT_开头的宏的区别是：前者在测试失败时会给出报告并立即终止测试程序，后者在报告后将继续执行测试程序。

表 8-1　常用的测试宏

ASSERT 宏	EXPECT 宏	功　能
ASSERT_TRUE	EXPECT_TRUE	判真
ASSERT_FALSE	EXPECT_FALSE	判假
ASSERT_EQ	EXPECT_EQ	相等
ASSERT_NE	EXPECT_NE	不等
ASSERT_GT	EXPECT_GT	大于

续表

ASSERT 宏	EXPECT 宏	功　能
ASSERT_LT	EXPECT_LT	小于
ASSERT_GE	EXPECT_GE	大于或等于
ASSERT_LE	EXPECT_LE	小于或等于
ASSERT_FLOAT_EQ	EXPECT_FLOAT_EQ	单精度浮点值相等
ASSERT_DOUBLE_EQ	EXPECT_DOUBLE_EQ	双精度浮点值相等
ASSERT_NEAR	EXPECT_NEAR	浮点值接近(第3个参数为误差阈值)
ASSERT_STREQ	EXPECT_STREQ	C 字符串相等
ASSERT_STRNE	EXPECT_STRNE	C 字符串不等
ASSERT_STRCASEEQ	EXPECT_STRCASEEQ	C 字符串相等(忽略大小写)
ASSERT_STRCASENE	EXPECT_STRCASENE	C 字符串不等(忽略大小写)
ASSERT_PRED1	EXPECT_PRED1	自定义谓词函数,(pred, arg1)(还有_PRED2, …, _PRED5)

(二)编译调试 TFHE 代码

TFHE 配置如下:

1. Cmake 配置

检查 src 目录下 CMakeLists. txt 文件,打开后添加 fftw 相关路径。

```
set(CMAKE_INCLUDE_PATH "/usr/local/fftw/include/")
set(CMAKE_LIBRARY_PATH "/usr/local/fftw/lib/")
```

2. 编译代码

打开终端,使用以下命令编译代码:

```
mkdir build
cd build
cmake ../src -DENABLE_TESTS＝on -DENABLE_FFTW＝on -DCMAKE_BUILD_TYPE＝debug
make
```

其中,第 3 条命令 cmake 后面可针对不同模式进行编译:-DCMAKE_BUILD_TYPE 表示编译的版本可为 debug 或 release;-DENABLE_TESTS 表示是否编译库进行 test 测试,必须使用版本大于 1.8 的 google test,可直接使用 ctest 测试所有程序;-DENABLE_FFTW 表示是否使用 FFTW,编译为 libtfhe-fftw. a 库;-DENABLE_NAYUKI_PORTABLE 表示使用 C 语言版本的 nayuki 进行 FFT 计算,编译为 libtfhe-nayuki-portable. a 库;-DENABLE_NAYUKI_AVX 表示使用 avx 汇编版本的 nayuki 进行 FFT 计算,编译为 libtfhe-nayuki-avx. a 库;-DENABLE_SPQLIOS_AVX 表示使用 avx 汇编的 tfhe 专用版本进行 FFT 计算,编译为 libtfhe-spqlios-avx. a 库;-DENABLE_SPQLIOS_FMA 表示使用 fma 汇率的 tfhe 专用版本进行 FFT 计算,编译为 libtfhe-spqlios-fma. a 库。

3. Bootstrapping 测试代码 test-bootstrapping-fft. cpp

```cpp
# include <stdio. h>
# include <iostream>
# include <iomanip>
# include <cstdlib>
# include <cmath>
# include <sys/time. h>
# include "tfhe. h"
# include "polynomials. h"
# include "lwesamples. h"
# include "lwekey. h"
# include "lweparams. h"
# include "tlwe. h"
# include "tgsw. h"

using namespace std;

void dieDramatically(string message) {
    cerr << message << endl;
    abort();
}

# ifndef NDEBUG
extern const TLweKey * debug_accum_key;
extern const LweKey * debug_extract_key;
extern const LweKey * debug_in_key;
# endif
int main(int argc, char * * argv) {
# ifndef NDEBUG
    cout << "DEBUG MODE!" << endl;
# endif
    const int nb_samples = 50;
    const Torus32 mu_boot = modSwitchToTorus32(1,8);

    //生成参数
    int minimum_lambda = 100;
    TFheGateBootstrappingParameterSet * params = new_default_gate_bootstrapping_
parameters(minimum_lambda);
    const LweParams * in_out_params = params->in_out_params;
    //生成私钥集
    TFheGateBootstrappingSecretKeySet * keyset = new_random_gate_bootstrapping_se-
```

cret_keyset(params);

```
    //生成输入样本
    LweSample * test_in = new_LweSample_array(nb_samples, in_out_params);
    for (int i = 0; i < nb_samples; ++i) {
        lweSymEncrypt(test_in+i, modSwitchToTorus32(i,nb_samples), 0.01, keyset
->lwe_key);
    }
    //输出样本
    LweSample * test_out = new_LweSample_array(nb_samples, in_out_params);

    //对输入样本进行自举(bootstrap)
    cout << "starting bootstrapping..." << endl;
    clock_t begin = clock();
    for (int i = 0; i < nb_samples; ++i) {
        tfhe_bootstrap_FFT(test_out+i, keyset->cloud. bkFFT, mu_boot, test_in+i);
    }
    clock_t end = clock();
    cout << "finished " << nb_samples << " bootstrappings" << endl;
    cout << "time per bootstrapping (microsecs)... " << (end-begin)/double(nb_
samples) << endl;

    for (int i = 0; i < nb_samples; ++i) {
        Torus32 phase = lwePhase(test_out+i, keyset->lwe_key);
        cout << "phase " << i << " = " << t32tod(phase) << endl;
    }

    delete_LweSample_array(nb_samples,test_out);
    delete_LweSample_array(nb_samples,test_in);
    delete_gate_bootstrapping_secret_keyset(keyset);
    delete_gate_bootstrapping_parameters(params);

    return 0;
}
```

4. Bootstrapping 核心代码 lwe-bootstrapping-functions-fft. cpp

```
/*
* 自举 FFT 函数
*/

#ifndef TFHE_TEST_ENVIRONMENT
#include <iostream>
```

```
# include <cassert>
# include "tfhe. h"
using namespace std;
# define INCLUDE_ALL
# else
# undef EXPORT
# define EXPORT
# endif

# if defined INCLUDE_ALL || defined INCLUDE_TFHE_INIT_LWEBOOTSTRAP-
PINGKEY_FFT
# undef INCLUDE_TFHE_INIT_LWEBOOTSTRAPPINGKEY_FFT
EXPORT void init_LweBootstrappingKeyFFT(LweBootstrappingKeyFFT * obj, const
LweBootstrappingKey * bk) {

        const LweParams * in_out_params = bk->in_out_params;
        const TGswParams * bk_params = bk->bk_params;
        const TLweParams * accum_params = bk_params->tlwe_params;
        const LweParams * extract_params = &accum_params->extracted_lweparams;
        const int n = in_out_params->n;
        const int t = bk->ks->t;
        const int basebit = bk->ks->basebit;
        const int base = bk->ks->base;
        const int N = extract_params->n;

        LweKeySwitchKey * ks = new_LweKeySwitchKey(N, t, basebit, in_out_params);
        //复制 KeySwitching 密钥
        for(int i=0; i<N; i++) {
            for(int j=0; j<t; j++){
                for(int p=0; p<base; p++) {
                    lweCopy(&ks->ks[i][j][p], &bk->ks->ks[i][j][p], in_out_
params);
                }
            }
        }

        //对密钥 FFT 进行自举
        TGswSampleFFT * bkFFT = new_TGswSampleFFT_array(n,bk_params);
        for (int i=0; i<n; ++i) {
            tGswToFFTConvert(&bkFFT[i], &bk->bk[i], bk_params);
        }
```

```
        new(obj) LweBootstrappingKeyFFT(in_out_params, bk_params, accum_params, ex-
tract_params, bkFFT, ks);
    }
    # endif



    //销毁 LweBootstrappingKey FFT 的结构
    EXPORT void destroy_LweBootstrappingKeyFFT(LweBootstrappingKeyFFT * obj) {
        delete_LweKeySwitchKey((LweKeySwitchKey * ) obj->ks);
        delete_TGswSampleFFT_array(obj->in_out_params->n, (TGswSampleFFT * )
obj->bkFFT);


        obj->~LweBootstrappingKeyFFT();
    }



    void tfhe_MuxRotate_FFT(TLweSample * result, const TLweSample * accum, const TG-
swSampleFFT * bki, const int barai, const TGswParams * bk_params) {
        // ACC = BKi * [(X^barai-1) * ACC]+ACC
        // temp = (X^barai-1) * ACC
        tLweMulByXaiMinusOne(result, barai, accum, bk_params->tlwe_params);
        // temp * = BKi
        tGswFFTExternMulToTLwe(result, bki, bk_params);
        // ACC += temp
        tLweAddTo(result, accum, bk_params->tlwe_params);
    }


    # if defined INCLUDE_ALL || defined INCLUDE_TFHE_BLIND_ROTATE_FFT
    # undef INCLUDE_TFHE_BLIND_ROTATE_FFT
    / * *
    * multiply the accumulator by X^sum(bara_i. s_i)
    * @param accum the TLWE sample to multiply
    * @param bk An array of n TGSW FFT samples where bk_i encodes s_i
    * @param bara An array of n coefficients between 0 and 2N-1
    * @param bk_params The parameters of bk
    * /
    EXPORT void tfhe_blindRotate_FFT(TLweSample * accum,
        const TGswSampleFFT * bkFFT,
        const int * bara,
```

```
        const int n,
        const TGswParams * bk_params) {

        //TGswSampleFFT * temp = new_TGswSampleFFT(bk_params);
        TLweSample * temp = new_TLweSample(bk_params->tlwe_params);
        TLweSample * temp2 = temp;
        TLweSample * temp3 = accum;

        for (int i=0; i<n; i++) {
            const int barai=bara[i];
            if (barai==0) continue; //indeed, this is an easy case!

            tfhe_MuxRotate_FFT(temp2, temp3, bkFFT+i, barai, bk_params);
            swap(temp2,temp3);
        }
        if (temp3 ! = accum) {
            tLweCopy(accum, temp3, bk_params->tlwe_params);
        }

        delete_TLweSample(temp);
        //delete_TGswSampleFFT(temp);

    }
# endif

# if defined INCLUDE_ALL || defined INCLUDE_TFHE_BLIND_ROTATE_AND_EX-
TRACT_FFT
# undef INCLUDE_TFHE_BLIND_ROTATE_AND_EXTRACT_FFT
/ * *
 * result = LWE(v_p) where p=barb-sum(bara_i. s_i) mod 2N
 * @param result the output LWE sample
 * @param v a 2N-elt anticyclic function (represented by a TorusPolynomial)
 * @param bk An array of n TGSW FFT samples where bk_i encodes s_i
 * @param barb A coefficients between 0 and 2N-1
 * @param bara An array of n coefficients between 0 and 2N-1
 * @param bk_params The parameters of bk
 * /
EXPORT void tfhe_blindRotateAndExtract_FFT(LweSample * result,
    const TorusPolynomial * v,
    const TGswSampleFFT * bk,
    const int barb,
    const int * bara,
```

```
        const int n,
        const TGswParams * bk_params) {

    const TLweParams * accum_params = bk_params->tlwe_params;
    const LweParams * extract_params = &accum_params->extracted_lweparams;
    const int N = accum_params->N;
    const int _2N = 2 * N;

    //测试多项式
    TorusPolynomial * testvectbis = new_TorusPolynomial(N);
    //累加器
    TLweSample * acc = new_TLweSample(accum_params);

    // testvector = X^{2N-barb} * v
    if (barb!=0) torusPolynomialMulByXai(testvectbis, _2N-barb, v);
    else torusPolynomialCopy(testvectbis, v);
    tLweNoiselessTrivial(acc, testvectbis, accum_params);
    // Blind rotation
    tfhe_blindRotate_FFT(acc, bk, bara, n, bk_params);
    //提取
    tLweExtractLweSample(result, acc, extract_params, accum_params);

    delete_TLweSample(acc);
    delete_TorusPolynomial(testvectbis);
}
#endif



#if defined INCLUDE_ALL || defined INCLUDE_TFHE_BOOTSTRAP_WO_KS_FFT
#undef INCLUDE_TFHE_BOOTSTRAP_WO_KS_FFT
/**
 * result = LWE(mu) iff phase(x)>0, LWE(-mu) iff phase(x)<0
 * @param result The resulting LweSample
 * @param bk The bootstrapping + keyswitch key
 * @param mu The output message (if phase(x)>0)
 * @param x The input sample
 */
EXPORT void tfhe_bootstrap_woKS_FFT(LweSample * result,
    const LweBootstrappingKeyFFT * bk,
    Torus32 mu,
    const LweSample * x){
```

```
        const TGswParams *  bk_params = bk->bk_params;
        const TLweParams *  accum_params = bk->accum_params;
        const LweParams *  in_params = bk->in_out_params;
        const int N=accum_params->N;
        const int Nx2= 2 * N;
        const int n = in_params->n;


        TorusPolynomial *  testvect = new_TorusPolynomial(N);
        int *  bara = new int[N];



    //换模
    int barb = modSwitchFromTorus32(x->b,Nx2);
    for (int i=0; i<n; i++) {
        bara[i]=modSwitchFromTorus32(x->a[i],Nx2);
    }


    // the initial testvec = [mu,mu,mu,...,mu]
    for (int i=0;i<N;i++) testvect->coefsT[i]=mu;


    // Bootstrapping rotation and extraction
    tfhe_blindRotateAndExtract_FFT(result, testvect, bk->bkFFT, barb, bara, n, bk_
params);


        delete[] bara;
        delete_TorusPolynomial(testvect);

    }
# endif


# if defined INCLUDE_ALL || defined INCLUDE_TFHE_BOOTSTRAP_FFT
# undef INCLUDE_TFHE_BOOTSTRAP_FFT
/ * *
 * result = LWE(mu) iff phase(x)>0, LWE(-mu) iff phase(x)<0
 * @param result The resulting LweSample
 * @param bk The bootstrapping + keyswitch key
 * @param mu The output message (if phase(x)>0)
 * @param x The input sample
 * /
EXPORT void tfhe_bootstrap_FFT(LweSample * result,
    const LweBootstrappingKeyFFT * bk,
```

```
                    Torus32 mu，
                    const LweSample * x){

        LweSample * u = new_LweSample(&bk->accum_params->extracted_
lweparams)；

            tfhe_bootstrap_woKS_FFT(u，bk，mu，x)；
            //密钥转换
            lweKeySwitch(result，bk->ks，u)；

            delete_LweSample(u)；
        }
        #endif
```

//为 LweBootstrappingKeyFFT 分配存储空间

```
        EXPORT LweBootstrappingKeyFFT * alloc_LweBootstrappingKeyFFT() {
            return (LweBootstrappingKeyFFT * ) malloc(sizeof(LweBootstrappingKeyFFT))；
        }
        EXPORT LweBootstrappingKeyFFT * alloc_LweBootstrappingKeyFFT_array(int
nbelts) {
            return (LweBootstrappingKeyFFT * ) malloc(nbelts * sizeof(LweBootstrappingKey-
FFT))；
        }
```

//释放 LweKey 的空间
```
        EXPORT void free_LweBootstrappingKeyFFT(LweBootstrappingKeyFFT * ptr) {
            free(ptr)；
        }
        EXPORT void free_LweBootstrappingKeyFFT_array(int nbelts，LweBootstrappingKeyFFT
* ptr) {
            free(ptr)；
        }
```

//初始化密钥结构

```
        EXPORT void init_LweBootstrappingKeyFFT_array(int nbelts，LweBootstrappingKeyFFT
* obj，const LweBootstrappingKey * bk) {
            for (int i=0；i<nbelts；i++) {
            init_LweBootstrappingKeyFFT(obj+i，bk)；
        }
```

```
        }

    EXPORT void destroy_LweBootstrappingKeyFFT_array(int nbelts, LweBootstrappingKey-
FFT * obj) {
        for (int i=0; i<nbelts; i++) {
            destroy_LweBootstrappingKeyFFT(obj+i);
        }
    }
```

//为 LweBootstrappingKeyFFT 结构分配空间并初始化
//(equivalent of the C++ new)

```
    EXPORT LweBootstrappingKeyFFT * new_LweBootstrappingKeyFFT(const LweBoot-
strappingKey * bk) {
        LweBootstrappingKeyFFT * obj = alloc_LweBootstrappingKeyFFT();
        init_LweBootstrappingKeyFFT(obj,bk);
        return obj;
    }
    EXPORT LweBootstrappingKeyFFT * new_LweBootstrappingKeyFFT_array(int nbelts,
const LweBootstrappingKey * bk) {
        LweBootstrappingKeyFFT * obj = alloc_LweBootstrappingKeyFFT_array(nbelts);
        init_LweBootstrappingKeyFFT_array(nbelts,obj,bk);
        return obj;
    }
```

//销毁 LweBootstrappingKeyFFT 结构

```
    EXPORT void delete_LweBootstrappingKeyFFT(LweBootstrappingKeyFFT * obj) {
        destroy_LweBootstrappingKeyFFT(obj);
        free_LweBootstrappingKeyFFT(obj);
    }
    EXPORT void delete_LweBootstrappingKeyFFT_array(int nbelts, LweBootstrappingKey-
FFT * obj) {
        destroy_LweBootstrappingKeyFFT_array(nbelts,obj);
        free_LweBootstrappingKeyFFT_array(nbelts,obj);
    }
```

5. lwe 核心代码 test - lwe. cpp

```
    # include <stdio. h>
    # include <iostream>
    # include <iomanip>
    # include <cstdlib>
```

```
# include <cmath>
# include <sys/time. h>
# include "tfhe. h"
# include "polynomials. h"

# include "lwesamples. h"
# include "lweparams. h"
using namespace std;
// * * * * * * * * * * * * * * * * * * * * * * * * * * * * * * * * 主函数
* * * * * * * * * * * * * * * * * * * * * * * * * * * * * * * * * * * *
double approxEquals(Torus32 a, Torus32 b) { return abs(a-b)<10; }


int main(int argc, char * * argv) {

    LweParams * params = new_LweParams(512, 0. 2, 0. 5); //les deux alpha mis un
peu au hasard
        int n = params->n;
        LweKey * key = new_LweKey(params);
        LweSample * cipher = new_LweSample(params);
        Torus32 mu = dtot32(0. 5);
        double alpha = 0. 0625;
        Torus32 phi;
        double message;
        int Msize = 2;

        lweKeyGen(key);
        lweSymEncrypt(cipher, mu, alpha, key);
        cout << "a = [";
        for (int i = 0; i < n-1; ++i) cout << t32tod(cipher->a[i]) << ", ";
        cout << t32tod(cipher->a[n-1]) << "]" << endl;
        cout << "b = " << t32tod(cipher->b) << endl;

        phi = lwePhase(cipher, key);
        cout << "phi = " << t32tod(phi) << endl;
        message = lweSymDecrypt(cipher, key, Msize);
        cout << "message = " << t32tod(message) << endl;

        int failures = 0;
        int trials = 1000;
        for (int i=0; i<trials; i++) {
            Torus32 input = dtot32((i%3)/3. );
```

```
        lweKeyGen(key);
        lweSymEncrypt(cipher, input, 0.047, key);
        phi = lwePhase(cipher, key);
        Torus32 decrypted = lweSymDecrypt(cipher, key, 3);
        if ( ! approxEquals(input,decrypted) ) {
            cerr << "WARNING: the msg " << t32tod(input) << " gave phase " <<
t32tod(phi) << " and was incorrectly decrypted to " << t32tod(decrypted) << endl;
            failures++;
        }
    }
        cout << "There were " << failures << " failures out of " << trials << " tri-
als" << endl;
        cout << "(it might be normal)" << endl;

        delete_LweParams(params); //les deux alpha mis un peu au hasard
        delete_LweKey(key);
        delete_LweSample(cipher);

        return 0;
}



lwe-functions. cpp
/ * 创建一个随机的 Lwe Key * /
EXPORT void lweKeyGen(LweKey * result) {
    const int n = result->params->n;
    uniform_int_distribution<int> distribution(0,1);

    for (int i=0; i<n; i++)
        result->key[i]=distribution(generator);
}


/ * 使用生成的 Lwe Key 加密消息 * /
EXPORT void lweSymEncrypt (LweSample * result, Torus32 message, double alpha,
const LweKey * key){
    const int n = key->params->n;

    result->b = gaussian32(message, alpha);
    for (int i = 0; i < n; ++i)
    {
        result->a[i] = uniformTorus32_distrib(generator);
```

```
        result->b += result->a[i] * key->key[i];
    }

        result->current_variance = alpha * alpha;
    }


/* 计算 phi=b-a×s */
EXPORT Torus32 lwePhase(const LweSample * sample, const LweKey * key){
    const int n = key->params->n;
    Torus32 axs = 0;
    const Torus32 * __restrict a = sample->a;
    const int * __restrict k = key->key;

    for (int i = 0; i < n; ++i)
      axs += a[i] * k[i];
    return sample->b - axs;
}


/* 解密消息 */
EXPORT Torus32 lweSymDecrypt(const LweSample * sample, const LweKey * key,
const int Msize){
        Torus32 phi;

        phi = lwePhase(sample, key);
        return approxPhase(phi, Msize);
}


Lwe 的代数运算
/* 计算 result = (0,0) */
EXPORT void lweClear(LweSample * result, const LweParams * params){
    const int n = params->n;

    for (int i = 0; i < n; ++i) result->a[i] = 0;
    result->b = 0;
    result->current_variance = 0. ;
}


/* 计算 result = sample */
EXPORT void lweCopy (LweSample * result, const LweSample * sample, const
LweParams * params){
        const int n = params->n;
```

```
        for (int i = 0; i < n; ++i) result->a[i] = sample->a[i];
        result->b = sample->b;
        result->current_variance = sample->current_variance;
    }
```

/∗计算 result = −sample ∗/
```
    EXPORT void lweNegate (LweSample ∗ result, const LweSample ∗ sample, const
LweParams ∗ params){
        const int n = params->n;

        for (int i = 0; i < n; ++i) result->a[i] = −sample->a[i];
        result->b = −sample->b;
        result->current_variance = sample->current_variance;
    }
```

/∗计算 result = (0,mu) ∗/
```
    EXPORT void lweNoiselessTrivial(LweSample ∗ result, Torus32 mu, const LweParams ∗
params){
        const int n = params->n;

        for (int i = 0; i < n; ++i) result->a[i] = 0;
        result->b = mu;
        result->current_variance = 0. ;
    }
```

/∗计算 result = result + sample ∗/
```
    EXPORT void lweAddTo (LweSample ∗ result, const LweSample ∗ sample, const
LweParams ∗ params){
        const int n = params->n;

        for (int i = 0; i < n; ++i) result->a[i] += sample->a[i];
        result->b += sample->b;
        result->current_variance += sample->current_variance;
    }
```

(三) 实验结果

如图 8-1 所示为编译后生成的所有文件,如图 8-2 所示为执行 test-lwe 文件结果,如图 8-3 所示为测试每个模块消耗的时间。

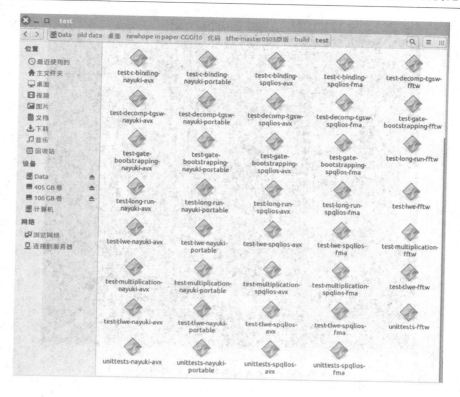

图 8-1 编译后生成的所有文件

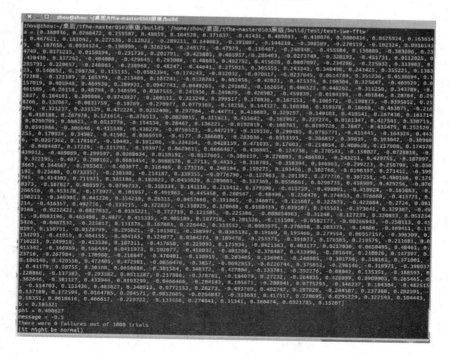

图 8-2 执行 test-lwe 文件结果

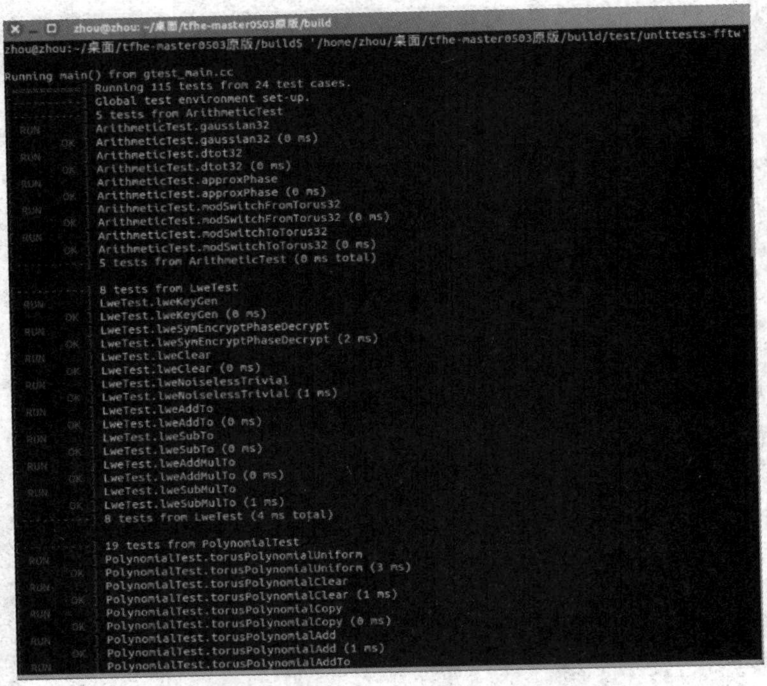

图 8 – 3   测试每个模块所消耗时间

附录 GMP 及其应用

GMP(GNU Multiple Precision arithmetic library)是著名的任意精度算术运算库，支持任意精度的整数、有理数以及浮点数的四则运算、求模、求幂、开方等基本运算，还支持部分数论相关运算。Maple、Mathematica 等大型数学软件以及 PBC 双线性对运算库都利用了 GMP 实现高精度算术运算功能。

1. GMP 开发环境配置

1）Linux 环境

以 Ubuntu 为例，直接使用 sudo apt-get install libgmp-dev 即可从软件源安装 GMP。如果要使用源文件安装的方式，下载 GMP 的源代码压缩包后运行下面的命令即可：

```
tar xzf gmp-X. X. X. tar. xz
cd gmp-X. X. X
. /configure
Make
make heck
sudo make install
```

2）Windows 环境

Windows 下 GMP 的配置相对复杂，它依赖于 MinGW(Minimalist GNUfor Windows)。MinGW 是一个可自由使用和自由发布的 Windows 特定头文件和使用 GNU 工具集导入库的集合，允许你在 GNU/Linux 和 Windows 平台生成本地的 Windows 程序而不需要第三方 C 运行时(C Runtime)库。

首先在 MinGW 官方网址：http://www.mingw.org/下载安装包，成功后会得到名为 mingw-get-setup. exe 的安装文件。

安装过程中，比较重要的是选择安装组件，如附图 1 所示。选择 basic setup，将 mingw-developer-tookit、mingw32-base、mingw32-gcc-g＋＋、msys-base 全部右键选择"Mark for Installation，之后点击 Installation-＞Apply Changes 使更改生效。

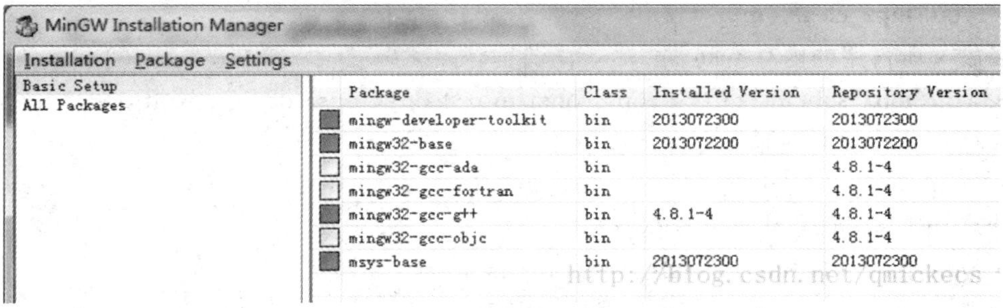

Package	Class	Installed Version	Repository Version
mingw-developer-toolkit	bin	2013072300	2013072300
mingw32-base	bin	2013072200	2013072200
mingw32-gcc-ada	bin		4. 8. 1-4
mingw32-gcc-fortran	bin		4. 8. 1-4
mingw32-gcc-g++	bin	4. 8. 1-4	4. 8. 1-4
mingw32-gcc-objc	bin		4. 8. 1-4
msys-base	bin	2013072300	2013072300

附图 1 MinGW 选择安装组件

再点击 All Packages，找到附图 2 中标记出来的名字为 mingw32 - gmp，Class 属于 dev 的一项，同样 Mark for Installation，然后 Apply Changes。

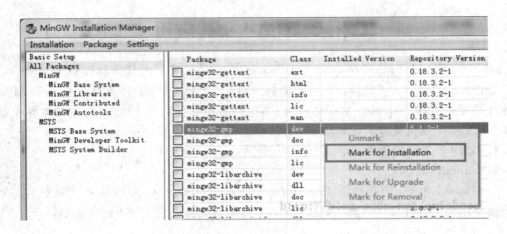

附图 2　选择 GCC 组件

2. GMP 使用

（1）要使用 GMP，只需要包含头文件 gmp. h，然后在使用 gcc 编译时加上参数－lgmp。

（2）GMP 是一个基于 C 语言的开源库，其中包含了数种自定义数据类型，包括 mpz_t 多精度整型、mpq_t 多精度有理数、mpf_t 多精度浮点型。要求一个 mpz_t 类型变量在被使用前必须手动进行初始化，并且不允许对已经初始化的变量再次初始化。

（3）以下列举常用的部分函数，其他函数介绍以及用法请参考 GMP 官方文档。

• **mpz_t** x

声明一个多精度整型变量 x

• void **mpz_init**（mpz_t x）

初始化 x。任何一个 mpz_t 类型的变量在使用前都应该初始化

• void **mpz_init_set_ui**（mpz_t rop, unsigned long int op）

初始化 rop，并将其值设置为 op

• int **mpz_init_set_str**（mpz_t rop, const char ∗ str，int base）

初始化 rop，并赋值 rop ＝ str，其中 str 是一个表示 base 进制整数的字符数组

• void **mpz_clear**（mpz_t x）

释放 x 所占用的内存空间

• void **mpz_sub_ui**（mpz_t rop, const mpz_t op1, unsigned long int op2）

计算 op1－op2，结果保存在 rop 中

• void **mpz_mul**（mpz_t rop, const mpz_t op1, const mpz_t op2）

计算 op1 ∗ op2，结果保存在 rop 中

• void **gmp_randinit_default**（gmp_randstate_t state）

设置 state 的随机数生成算法，默认为梅森旋转算法

• void **gmp_randseed_ui**（gmp_randstate_t state，unsigned long int seed）

设置 state 的随机化种子为 seed

- void **mpz_urandomb**（mpz_t rop，gmp_randstate_t state，mp_bitcnt_t n）

根据 state 生成一个在范围 $0 \sim 2^n - 1$ 内均匀分布的整数，结果保存在 rop 中

- char * **mpz_get_str**（char * str，int base，const mpz_t op）

将 op 以 base 进制的形式保存到字符数组中，该函数要求指针 str 为 NULL（GMP 会自动为其分配合适的空间），或者所指向的数组拥有足够存放 op 的空间

- int **gmp_printf**（*const char * fmt*，...）

语法跟 C 语言中的标准输出函数 printf 类似。它在 printf 的基础上，增加了 mpz_t 等数据类型的格式化输出功能。fmt 为输出格式，例如 fmt＝"％Zd"时，表示输出一个十进制的多精度整型。其后的所有参数为输出的内容。

- int **mpz_probab_prime_p**（const mpz_t n，int reps）

检测 n 是否为素数。该函数首先对 n 进行试除，然后使用米勒-拉宾素性检测对 n 进行测试，reps 表示进行检测的次数。如果 n 为素数，返回 2；如果 n 可能为素数，返回 1；如果 n 为合数，返回 0。

参 考 文 献

[1]　Su B, Wu W, Zhang W. Security of the SMS4 Block Cipher against Differential Cryptanalysis. Journal of Computer Science and Technology, 2011, 26(1): 130 – 138.

[2]　Liu M J, Chen J Z. Improved Linear Attacks on the Chinese Block Cipher Standard. Journal of Computer Science and Technology, 2014, 29(6):1123 – 1133.

[3]　Lu J. Attacking Reduced – Round Versions of the SMS4 Block Cipher in the Chinese WAPI Standard. In International Conference on Information and Communications Security, 2007:306 – 318.

[4]　Chillotti I, Gama N, Georgieva M, et al. Faster fully homomorphic encryption: Bootstrapping in less than 0. 1 seconds[C]. In International Conference on the Theory and Application of Cryptology and Information Security, 2016:3 – 33.

[5]　Gentry C. Fully homomorphic encryption using ideal lattices. Proceedings of the 41st annual ACM symposium on Symposium on theory of computing, 2009, 9(4): 169 – 178.

[6]　Chillotti I, Gama N, Georgieva M, et al. Faster packed homomorphic operations and efficient circuit bootstrapping for TFHE[C]. ASIACRYPT, Springer, Berlin, Heidelberg, 2017: 377 – 408.

[7]　https://blog, csdn. net/cg129054036/article/details/83862918

[8]　http://read. pudn. com/down10ads197/sourcecode/crypt/927077/ECC/

[9]　http://keccak. team/keccak_specs_summary. html.